数学物理方程

主　编 ◇ 刘　婧
副主编 ◇ 王利东
主　审 ◇ 郑斯宁

（第2版）

U0213669

大连海事大学出版社
DALIAN MARITIME UNIVERSITY PRESS

ⓒ 刘婧　2022

图书在版编目(CIP)数据

数学物理方程/ 刘婧主编.—2 版. —大连:大连海事大学出版社,2022.12
ISBN 978-7-5632-4337-2

Ⅰ.①数…　Ⅱ.①刘…　Ⅲ.①数学物理方程—高等学校—教材　Ⅳ.①O175.24

中国版本图书馆 CIP 数据核字(2022)第 233671 号

大连海事大学出版社出版

地址:大连市黄浦路523号　邮编:116026　电话:0411-84729665(营销部)　84729480(总编室)
http://press.dlmu.edu.cn　E-mail:dmupress@ dlmu.edu.cn

大连金华光彩色印刷有限公司印装　　　　　大连海事大学出版社发行

2012 年 8 月第 1 版　　　2022 年 12 月第 2 版　　　2022 年 12 月第 1 次印刷
幅面尺寸:184 mm×260 mm　　　　　　　　　　　　印数:1~500 册
字数:220 千　　　　　　　　　　　　　　　　　　印张:10

责任编辑:苏炳魁　　　　　　　　　　　　　　　责任校对:陈青丽
封面设计:张爱妮　　　　　　　　　　　　　　　版式设计:张爱妮

ISBN 978-7-5632-4337-2　　　定价:25.00 元

第2版前言

 数学物理方程课程是数学专业一门主干课程,主要内容包括三类典型二阶偏微分方程,即波动方程、热传导方程与稳态方程的物理背景、定解问题推导及经典求解方法.本书是在2012年出版的《数学物理方程》基础上,结合教学实践修订而成.在保持初版的取材范围和基本结构前提下,本书优化了部分章节,对于内容安排进行适当调整,同时,对例题、习题也做了适量的补充与调整,强化了物理问题的偏微分方程建模思想、过程与求解技巧.特别针对第4章"分离变量法",调整了部分内容,并补充了用分离变量法求解多维直角坐标和极坐标系下的定解问题及非齐次问题.

 本书可作为本科数学、统计、物理等专业的数学物理方程课程教材用书,也可作为其他相关专业的研究生及工程技术人员的参考用书.

 本书共7章,其中第3章、第6章由王利东编写,其余章节由刘婧编写,全书由刘婧统稿.本书由郑斯宁主审.

 由于编者学识水平所限,书中错误和不妥之处在所难免,望读者不吝赐教.所有关于本书的批评和建议,请发送至作者的电子邮箱:lj650720@dlmu.edu.cn.

编者
2022年10月

第1版前言

数学物理方程的兴起已有两百多年的历史,讨论的问题主要来源于物理、力学、电磁学和工程技术中的一些实际问题.数学物理方程作为理工科大学多个专业最重要的一门核心课程,具有以下几个主要特色:

1.涉及的学科范围广.数学物理方程已经成为自然科学、工程技术甚至经济管理科学等领域的研究基础.一些理工科和综合性大学都会根据自己的需要开设数学物理方程(法)课程.

2.起点低,终点高.所谓起点低,是指在学习本课程之前,学生只需具备如高等数学、线性代数和常微分方程的一些基础知识.说它终点高,是指在偏微分方程现代理论的内容介绍中要用到泛函分析的入门知识.

3.具有很强的应用性.数学物理方程来源于对实际问题的研究,与所考察的物理模型有紧密的联系.它直接联系着众多自然现象和实际问题,并且随着社会和科学的不断进步要不断地提出或产生解决问题的新课题和新方法.偏微分方程方法除了应用于物理、几何及工程领域,还可用于图像处理、生物工程、金融工程理论和高级经济理论的研究.

根据本门课程的特点,学习这门课程必须坚持理论联系实际.重点不仅在于知识的掌握,更应着眼于处理实际问题能力的培养与提高.数学物理方程是以研究物理问题为目标的数学理论和数学方法.它探讨各种物理现象的数学模型,即寻求物理现象的数学描述,并对模型所描述的物理问题研究其数学解法,然后根据解答来诠释和预见物理现象,或根据物理事实来修正原有的模型.把数学理论、解题方法与物理实际有机紧密地结合到一起,这正是本课程有别于其他课程的鲜明特点.

本书是在大连海事大学自编讲义《数学物理方程》的基础上,对内容和结构做了改动后修订而成的.多年的教学实践表明,本书的取材深度、主要内容以及结构安排还是合适的.全书共7章.第1章包括偏微分方程的基本概念、定解问题的导出.第2章是二阶线性偏微分方程的分类.第3至第6章详细介绍了三类典型二阶线性偏微分方程定解问题的解法.第7章是偏微分方程现代理论部分,将变分法与二阶线性偏微分方程的定解问题联系起来.本书可供数学、物理等专业本科生及工科硕士生使用.

本书第2章由于东编写,本书第3章、第6章的由王利东编写,本书其余章节由刘婧编写并最后整理定稿.本书由郑斯宁主审.在此,编者向为本书写作做出有益工作的王悦同学、高飞同学,以及为本书出版付出辛勤劳动的编辑,致以深切的谢意.

由于编者学识水平所限,书中错误和不妥之处在所难免,望读者不吝赐教.所有关于本书的批评和建议,请发送至作者的电子邮箱:lj650720@ sina.com.

编者

2012 年 1 月

目 录

第 1 章　绪　论

1.1　引言

　　数学物理方程主要是指从物理科学以及其他自然科学、技术科学中产生的偏微分方程,它是以多元函数微积分为基础将物理问题数学化的重要工具.数学物理方程以建立数学模型、对模型进行定量或定性分析、对客观现象进行解释为主要步骤,进而实现实际问题求解,是数学联系实际的一个重要桥梁.

　　经典的数学物理方程含有三类典型二阶线性偏微分方程——波动方程、热传导方程和稳态方程,它们反映了三类不同的自然现象,有典型的物理意义.上述三类典型二阶线性偏微分方程定解问题的提出和求解在处理方法上具有很强的代表性.以这三类典型二阶线性偏微分方程为基础的数学模型可以描述出自然科学、工程技术科学及社会科学中的众多现象的基本机理.譬如,热和烟雾的扩散、重金属污染分布、疾病流行、化学反应、新闻传播、神经传导、药物在人体内的分布、人口预测,以及超导、液晶、燃烧等诸多现象都与数学物理方程有关,可见它的影响之大及影响范围之广.

　　数学物理方程的解有古典解(经典解)、数值解(近似解)和广义解.我们主要研究的是古典解,即在求解区域中具有方程中所出现的连续偏导数,并按通常意义满足方程与定解条件,即将它代入方程及定解条件后可使其化为恒等式.古典解的概念是最容易理解的,应用起来也最方便.但在实际求解偏微分方程的定解问题时,除了在一些特殊的情况下可以方便地求得其精确解外,一般情况下,当方程或定解条件具有比较复杂的形式或求解区域具有比较复杂的形状时,往往求不到或不易求得其精确解.此时,我们应一方面考虑寻求偏微分方程定解问题的近似解,另一方面考虑拓宽解的概念.求解偏微分方程的数值解的方法多种多样.如有限差分法和有限元法,它们本身已形成了一个独立的研究方向,其要点是对偏微分方程定解问题进行离散化.至于拓宽解的概念,就是考查非经典意义下的解.一个常用的技巧是先寻求一个正则性较低的函数,它按较弱的意义满足方程和定解条件,然后再进一步证明这个函数实际上就是原来问题的古典解.这种按较弱的意义满足定解问题的函数,就是广义解.广义解的定义是多种多样的.一种常用的广义解是通过逼近过程来定义的,称为强解.另一种最常用的广义解是通过分部积分的方法来定义的,称为弱解.

　　人们在研究数学物理方程的同时,极大地丰富了偏微分方程理论与其应用范围.目前,偏微分方程已成为现代数学的一个重要分支,其在工程技术科学领域的应用尤为引人瞩目.

偏微分方程跟工程技术科学、自然科学的其他领域联系非常紧密,不断促进其他学科发展,并不断成为新领域的重要工具.现代工程技术和数字技术的发展,离开偏微分方程是不可想象的.现代的超级工程中偏微分方程都发挥着重要作用,比如飞行器涉及的空气动力学设计、大型水利工程中流体力学分析、气象变化的数字化精准化预报.随着超级计算机技术的快速发展,偏微分方程的应用领域与求解方法正在不断扩展.深度学习法求解偏微分方程问题成了一个新的研究热点.面向实际问题建模,不断涌现出需要用偏微分方程来解决的新问题,同时,需要寻找解决问题的新理论和新方法.在未来,偏微分方程或许会迸发出更大的能量,在理论创新和方法应用上有更大的突破.

1.2 关于微分方程的相关内容

1.2.1 基本概念

一个含有未知函数的导数或微分的等式就称为微分方程.如果微分方程中的未知函数是一元函数,则称其为常微分方程.如果微分方程中的未知函数是多元函数,则其中出现的导数是偏导数,故称其为偏微分方程.一般来说,它可以写成包含几个自变量 $x, y, \ldots$ 和这些变量的未知函数 u 及其偏导数 $u_x, u_y, \ldots, u_{xx}, u_{xy}, \ldots$ 的方程的形式

$$f(x, y, \ldots, u, u_x, u_y, \ldots, u_{xx}, u_{xy}, \ldots) = 0. \tag{1.2-1}$$

方程式(1.2-1)是建立在关于自变量 $x, y, \ldots$ 的 n 维空间 R^n 中的一个适当的区域 D 内.我们希望在 D 内能找出恒满足方程式(1.2-1)的那些函数.如果这种函数存在,那么称它们为方程式(1.2-1)的解.从这些可能的解中,选出一个满足某些合适的附加条件的特解.例如方程

$$u_t - 4u_{xx} = 5x,$$
$$u_{tt} - 4u_{xx} = 5f(x, t),$$
$$\frac{\partial^2 u}{\partial x^2} + \frac{\partial^2 u}{\partial y^2} + \frac{\partial^2 u}{\partial z^2} = 0,$$
$$\frac{\partial^2 u}{\partial x^2} - \frac{\partial^2 u}{\partial y^2} = 0$$

都是偏微分方程.容易验证下列两个函数

$$u(x, y) = (x + y)^3,$$
$$u(x, y) = \sin(x - y)$$

都是最后一个方程的解.

偏微分方程中出现未知函数偏导数的最高阶数称为方程的阶.例如,方程

$$u_{tt} - 4u_{xx} = 5f(x, t),$$
$$u_{xxy} + xu_{yy} - 4u = 5f(x, t)$$

的阶数分别是二阶和三阶.

如果一个偏微分方程对于未知函数及它的所有偏导数都是线性的,即若偏微分方程关

于未知函数及其各阶导数都是一次幂,而且方程中的系数都仅依赖于自变量,则称其为线性偏微分方程;否则称其为非线性偏微分方程.如果一个非线性偏微分方程对于未知函数的最高阶导数来说是线性的,那么就称其为拟线性偏微分方程.例如,方程

$$u_{tt} - 4u_{xx} = 5f(x,t)$$

是二阶线性偏微分方程,而方程

$$u_x u_{tt} - 4xu_{xx} = f(x,t)$$

是二阶非线性偏微分方程,方程

$$u_{xxt} + u^2 u_{xx} = 5f(x,t)$$

是三阶拟线性偏微分方程.

本书主要研究二阶线性偏微分方程.最一般的含一个未知函数、n 个自变量的二阶线性偏微分方程的形式为

$$\sum_{i,j=1}^{n} A_{ij} u_{x_i x_j} + \sum_{i=1}^{n} B_i u_{x_i} + Fu = G,$$

不失一般性,假设 $A_{ij} = A_{ji}$ 且 A_{ij}、B_i、F 和 G 都是 n 个自变量的定义在 R^n 空间的某一区域内的实值函数.如果 G 恒等于零,称微分方程为齐次方程;否则称为非齐次方程.

1.2.2 偏微分方程与常微分方程的一些比较

对于一个 n 阶常微分方程,它的解的全体(除去可能的一些奇异解外)依赖于 n 个任意常数.然而对偏微分方程而言,其可求解的情形很多,与常微分方程的解相比,它的自由度往往会更大.例如,方程 $u_{xy} = f(x,y)$ 的通解可表示为

$$u(x,y) = \int_a^x \int_b^y f(\xi,\eta) \, \mathrm{d}\xi \mathrm{d}\eta + \varphi(x) + \psi(y),$$

式中,$\varphi(x)$、$\psi(y)$ 为两个任意二阶可微函数.

在对偏微分方程的研究中,讨论其解的性质和结构以及求解的方法等受到广泛关注,但求解偏微分方程往往是复杂的.与常微分方程相比,它的解一般来说很难用通解形式给出来,即使对于线性方程也是如此.所以对偏微分方程往往是研究其在一些特定条件下的解,并称这些用来确定特解的条件为定解条件.

常微分方程同偏微分方程在解的存在性方面也有相当大的差别.对常微分方程而言,即在相当一般的条件(通常是连续和局部利普希茨条件)下可以证明其解是局部存在的.而对偏微分方程来说,虽然许多常见的偏微分方程在不考虑定解条件时,解有很大的自由度.但也有偏微分方程,即使是在非常小的局部范围内,解也是不存在的.这方面第一个无解方程的例子是 Hans Levy 在 1957 年给出的.此例曾被认为是 20 世纪 60 年代偏微分方程的一大里程碑,它的产生使人们认识到偏微分方程的研究同常微分方程的研究相比有本质的不同.Hans Levy 所构造的方程是一个具有多项式系数的一阶线性偏微分方程,即

$$\frac{1}{2}\left(\frac{\partial u}{\partial x} + \mathrm{i}\,\frac{\partial u}{\partial y}\right) + \mathrm{i}(x + \mathrm{i}y)\,\frac{\partial u}{\partial t} = f(x,y,t),$$

式中,$\mathrm{i} = \sqrt{-1}$,f 为某个在 R^3 原点附近无穷次可微的光滑函数.Hans Levy 证明了上述方程

在原点的某个邻域内不存在解 u.

由于偏微分方程的研究方法与常微分方程的研究方法相比有很大的不同,从而形成了两个独立的数学分支.然而尽管有这些差别,常微分方程中的理论和方法对于偏微分方程的研究而言仍是相当重要的.

1.3　三类典型二阶偏微分方程的导出

1.3.1　波动方程的导出

考虑弦的微小横向振动问题.设有一根长度为 L、均匀柔软富有弹性的细弦,平衡时沿直线拉紧.在受到初始小扰动下,作微小横向振动.试确定该弦的运动方程.

需要对几个物理术语给出解释.所谓细弦,就是与张力相比,弦的重量可以忽略不计.柔软是指弦可以弯曲,同时发生于弦中张力的方向总是沿着弦所在曲线的切线方向.横向振动是指弦的运动只发生在一个平面内,且弦上各点的位移与弦的平衡位置垂直.微小横向振动是指振动的幅度及弦在任意位置处切线的倾角都很小.

假定弦的运动平面坐标系是 xou,弦的平衡位置为 x 轴,弦的长度为 L,弦两端固定在 o、L 两点.用 $u(x,t)$ 表示弦上横向坐标为 x 点在时刻 t 的位移(如图 1.3-1 所示).由于作微小横向振动,故 $u_x \approx 0$.因此,$\alpha \approx 0$,$\cos\alpha \approx 1$,$\sin\alpha \approx \tan\alpha = u_x \approx 0$,式中,$\alpha$ 表示在 x 处切线方向同 x 轴的夹角,如图 1.3-1 所示.下面用微元方法建立 u 所满足的偏微分方程.

在弦上任取一段弧 $\overset{\frown}{MM'}$,考虑作用在这段弧上的力.作用在这段弧上的力有张力和外力.可以证明,张力 T 是一个常力,即 T 与位置 x 和时间 t 的变化无关.

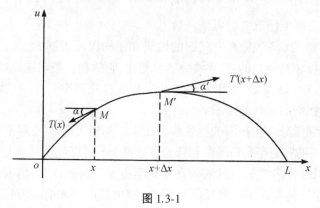

图 1.3-1

事实上,因为弦振动微小,则弧段 $\overset{\frown}{MM'}$ 的弧长 $\Delta s = \int_x^{x+\Delta x} \sqrt{1 + u_x^2}\, dx \approx \Delta x$.这说明该段弧在整个振动过程中始终未发生伸长变化.由胡克(Hooke)定律可知,张力 T 与时间 t 无关.下面还将看到,T 与 x 也无关.

因为弦只作横向振动,在 x 轴方向没有位移,故合力在 x 方向上的分量为零,即
$$T(x + \Delta x)\cos\alpha' - T(x)\cos\alpha = 0.$$

由于 $\cos\alpha' \approx 1, \cos\alpha \approx 1$,所以 $T(x + \Delta x) = T(x)$,即张力 T 与 x 无关.于是,张力是一个与位置 x 和时间 t 无关的常数,仍记为 T.

作用于小弧段 $\overset{\frown}{MM'}$ 的张力沿 u 轴方向的分量为

$$T\sin\alpha' - T\sin\alpha \approx T[u_x(x + \Delta x, t) - u_x(x, t)].$$

设作用在该段弧上的外力密度函数为 $F(x, t)$(不妨设为连续函数),那么弧段 $\overset{\frown}{MM'}$ 在时刻 t 所受沿 u 轴方向的外力近似地等于 $F(x, t)\Delta x$.由牛顿(Newton)第二运动定律得

$$T[u_x(x + \Delta x, t) - u_x(x, t)] + F(x, t)\Delta x = \rho \bar{u}_{tt}\Delta x,$$

式中,ρ 是线密度.由于弦是均匀的,故 ρ 为常数.这里 $\bar{u}_{tt}$ 是加速度 u_{tt} 在弧段 $\overset{\frown}{MM'}$ 上的平均值.设 $u = u(x, t)$ 为二次连续可微函数,由微分中值定理得

$$Tu_{xx}(x + \theta\Delta x, t)\Delta x + F(x, t)\Delta x = \rho\bar{u}_{tt}\Delta x, 0 < \theta < 1.$$

消去上式中 Δx,并取极限 $\Delta x \to 0$ 得

$$Tu_{xx}(x, t) + F(x, t) = \rho\bar{u}_{tt},$$

即

$$u_{tt} = a^2 u_{xx} + f(x, t), 0 < x < L, t > 0, \tag{1.3-1}$$

式中,常数 $a^2 = T/\rho$,函数 $f(x, t) = F(x, t)/\rho$ 表示在 x 处单位质量上所受的外力.

方程式(1.3-1)表示在外力作用下弦的振动规律,称为弦的强迫横向振动方程,又称一维非齐次波动方程.当外力作用为零时,即 $f = 0$ 时,方程式(1.3-1)称为弦的自由横向振动方程.它是一维齐次波动方程.另外,在工程技术科学和物理学应用中,还有其他的实际问题可以用方程式(1.3-1)来描述.例如,杆的纵向振动(即一根均匀细杆在外力作用下沿杆长方向做微小振动),如果取杆长方向为 x 轴,$u(x, t)$ 表示 x 处的截面在 t 时刻沿着杆长方向的位移,那么由动量守恒定律和胡克定律可以推出 $u(x, t)$ 满足方程式(1.3-1),式中,$a^2 = E/\rho$,ρ 是杆的密度,E 是应力与相对伸长成正比的比例系数,称为细杆材料的弹性模量.

类似地,可以推出均匀薄膜的横向振动满足二维波动方程

$$u_{tt} = a^2(u_{xx} + u_{yy}) + f(x, y, t), (x, y) \in \Omega, t > 0, \tag{1.3-2}$$

式中,$u = u(x, y, t)$ 是薄膜在时刻 t 和 (x, y) 处的位移,$a^2 = T/\rho$,T 为张力,ρ 为薄膜的面密度,$f(x, y, t)$ 表示单位质量膜在 t 时刻、(x, y) 处所受垂直方向的外力,Ω 是 Oxy 平面上的有界区域.

另外,根据电磁场理论中的麦克斯韦方程,可以推出电场 E 和磁场 H 满足的三维波动方程

$$\frac{\partial^2 E}{\partial t^2} = a^2 \nabla^2 E \tag{1.3-3}$$

和

$$\frac{\partial^2 H}{\partial t^2} = c^2 \nabla^2 H, \tag{1.3-4}$$

式中,c 是光速,而

$$\nabla^2 = \nabla \cdot \nabla = \Delta = \frac{\partial^2}{\partial x^2} + \frac{\partial^2}{\partial y^2} + \frac{\partial^2}{\partial z^2}. \tag{1.3-5}$$

1.3.2　热传导方程的导出

所谓热传导就是由于物体内部温度分布得不均匀,热量要从物体内温度较高的点处流向温度较低的点处.热传导问题归结为求物体内部温度分布规律.

设物体在区域 Ω 内无热源,在 Ω 中任取一个封闭曲面 S(如图 1.3-2 所示).以函数 $u(x,y,z,t)$ 表示物体在 t 时刻、$M = M(x,y,z)$ 处的温度.根据傅里叶(Fourier)热传导定律,在无穷小时段 dt 内流过物体的一个无穷小面积 dS 的热量 dQ 与时间 dt、曲面面积 dS 以及物体温度 u 沿曲面 dS 的外法线 $\boldsymbol{n}$ 的方向导数 $\dfrac{\partial u}{\partial \boldsymbol{n}}$ 三者成正比,即

$$dQ = -k \frac{\partial u}{\partial \boldsymbol{n}} dSdt,$$

式中,$k = k(x,y,z)$ 是物体在 $M(x,y,z)$ 处的热传导系数,取正值.规定外法线方向 n 所指的那一侧为 dS 的正侧.上式中负号的出现是由于热量由温度高的地方流向温度低的地方.故当 $\dfrac{\partial u}{\partial \boldsymbol{n}} > 0$ 时,实际上热量是向 $-\boldsymbol{n}$ 方向流去.

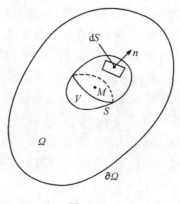

图 1.3-2

对于区域 Ω 内任取一个封闭曲面 S,设其所包围的空间区域为 V,那么从时刻 t_1 到时刻 t_2 经曲面 S 流出的热量为

$$Q_1 = -\int_{t_1}^{t_2} \iint_S k \frac{\partial u}{\partial \boldsymbol{n}} dSdt.$$

设物体的比热容为 $c(x,y,z)$,密度为 $\rho(x,y,z)$,则在区域 V 内,温度由 $u(x,y,z,t_1)$ 到 $u(x,y,z,t_2)$ 所需的热量为

$$Q_2 = \iiint_V c\rho \left[u(x,y,z,t_2) - u(x,y,z,t_1) \right] dv = \int_{t_1}^{t_2} \iiint_V c\rho \frac{\partial u}{\partial t} dvdt.$$

根据热量守恒定律,有

$$Q_2 = -Q_1,$$

即

$$\iiint_V c\rho \left[u(x,y,z,t_2) - u(x,y,z,t_1) \right] \mathrm{d}v = \int_{t_1}^{t_2} \iint_S k \frac{\partial u}{\partial \boldsymbol{n}} \mathrm{d}S \mathrm{d}t.$$

假设函数 $u(x,y,z,t)$ 关于 x,y,z 具有二阶连续偏导数,关于 t 具有一阶连续偏导数,那么由高斯(Gauss)公式得

$$\int_{t_1}^{t_2} \iiint_V \left[c\rho \frac{\partial u}{\partial t} - \frac{\partial}{\partial x}\left(k\frac{\partial u}{\partial x}\right) - \frac{\partial}{\partial y}\left(k\frac{\partial u}{\partial y}\right) - \frac{\partial}{\partial z}\left(k\frac{\partial u}{\partial z}\right) \right] \mathrm{d}v\mathrm{d}t = 0.$$

由于时间间隔 $[t_1, t_2]$ 及区域 V 是任意的,且被积函数是连续的,因此,在任何时刻 t,在区域 Ω 内任意一点都有

$$c\rho \frac{\partial u}{\partial t} = \frac{\partial}{\partial x}\left(k\frac{\partial u}{\partial x}\right) + \frac{\partial}{\partial y}\left(k\frac{\partial u}{\partial y}\right) + \frac{\partial}{\partial z}\left(k\frac{\partial u}{\partial z}\right). \tag{1.3-6}$$

方程式(1.3-6)称为非均匀的各向同性体的热传导方程.如果物体是均匀的,此时 k,c 及 ρ 均为常数.令 $a^2 = \dfrac{k}{c\rho}$,则方程式(1.3-6)化为

$$\frac{\partial u}{\partial t} = a^2 \left(\frac{\partial^2 u}{\partial x^2} + \frac{\partial^2 u}{\partial y^2} + \frac{\partial^2 u}{\partial z^2} \right) = a^2 \Delta u, \tag{1.3-7}$$

它称为三维热传导方程.

若考虑物体内有热源,其热源密度函数为 $F(x,y,z,t)$,则有热源的热传导方程为

$$u_t = a^2 \Delta u + f(x,y,z,t), \tag{1.3-8}$$

式中,$f = \dfrac{F}{c\rho}$.

类似地,当考虑的问题是一根均匀细杆,如果它的侧面绝热且在同一个截面上的温度分布相同,那么温度 u 只与 x,t 有关.方程式(1.3-7)变成一维热传导方程

$$u_t = a^2 u_{xx}. \tag{1.3-9}$$

同样,如果考虑一块薄板的热传导,并且薄板的侧面保持绝热,则可得二维热传导方程

$$u_t = a^2 (u_{xx} + u_{yy}). \tag{1.3-10}$$

当考虑气体的扩散、液体的渗透、半导体材料中杂质扩散等物理现象时,如果用 u 表示扩散物质的浓度,则 u 所满足方程的形式与热传导方程完全一样.由于它所描述的是物质的扩散现象,所以热传导方程又叫扩散方程.在社会活动中,疾病的传播、药物的发作机理、计算机病毒的扩散、谣言的泛滥也有类似的扩散特征,也可用热传导方程建立数学模型进行动态特性分析.热传导方程可以描绘自然界中的许多物理现象的共性规律,采用热传导方程对实际问题进行机理建模时,我们要根据实际情况对问题进行分析、假设简化、建立模型与求解.下面举个实际生活中遇到的有毒气体扩散例子.

一辆装载环氧乙烷的运输车辆在某国道上侧翻,造成有毒气体外泄.虽经消防员紧急处置,但在等待救援和处置过程中,仍有大约 1 000 个单位质量的环氧乙烷气体扩散到周边区域.为了分析泄漏事故可能引发的后果,在以事发地点为中心向东西南北各 3 km、高度 150 m 范围的空域中,监测部门对毒物的浓度进行了抽样测量.南北两侧的污染程度有一定差

异,因此抽样测量分为南北两个部分进行.为帮助研究监测部门检测有毒气体的浓度分布情况,我们通过机理分析,可以建立有毒气体扩散的偏微分方程模型.

问题假设:

(1) 初始泄漏可看作在空中某一点向四周的瞬时释放;

(2) 有毒气体向四周扩散时,各方向的扩散系数为常数;

(3) 扩散时存在衰减,如农作物、树木对有毒气体的吸收等;

(4) 假设当天天气情况是无风状态;

(5) 扩散前周围空间的有毒气体的浓度为零.

数学模型的建立:

设 $u(x,y,z)$ 是 t 时刻点 (x,y,z) 处有毒气体的浓度.任取一个封闭曲面 S,它所围成的空间区域为 Ω.根据假设条件,Ω 内任一点处有毒气体浓度满足如下反应扩散模型

$$\frac{\partial u}{\partial t} = a^2 \frac{\partial^2 u}{\partial x^2} + b^2 \frac{\partial^2 u}{\partial y^2} + c^2 \frac{\partial^2 u}{\partial z^2} - k^2 u, (x,y,z) \in \Omega$$

式中,a^2,b^2,c^2 分别代表有毒气体沿 x、y、z 方向的扩散系数,k^2 为衰减系数.

设污染源在点 (x_0,y_0,z_0) 处,根据问题发生的实际背景,我们可以用柯西(Cauchy)问题

$$\begin{cases} \frac{\partial u}{\partial t} = a^2 \frac{\partial^2 u}{\partial x^2} + b^2 \frac{\partial^2 u}{\partial y^2} + c^2 \frac{\partial^2 u}{\partial z^2} - k^2 u \\ u(x,y,z,0) = M\delta(x-x_0)\delta(y-y_0)\delta(z-z_0) \end{cases}$$

来得出国道南北两侧的有毒气体的分布情况.式中,M 为污染源的质量.

问题求解:

首先,我们要通过后面第 5 章的学习,用傅里叶变换法求得该初值(柯西)问题的解析解为

$$u(x,y,z,t) = \frac{M}{8\pi tabc\sqrt{\pi t}} \exp\left\{ -\frac{(x-x_0)^2}{4a^2 t} - \frac{(y-y_0)^2}{4b^2 t} - \frac{(z-z_0)^2}{4c^2 t} - k^2 t \right\}$$

然后,利用多元回归分析及给定的观测数据,分别得到国道北侧和国道南侧有毒气体浓度分布函数中的参数 a、b、c、k,将上述参数的估计值代入解析解中就得到有毒气体的浓度 $u(x,y,z)$ 的近似值,从而得出国道南北两侧的有毒气体的分布情况.

上述例子来源于一道数学建模题.扩散方程一直是数学建模教学与竞赛中的一个重要工具,通过扩散方程的应用,可以了解众多现象后的数学机理.1990 年美国数学建模竞赛 A 题,研究治疗帕金森症的多巴胺(dopamine)在人脑中的分布,此药液注射进脑子后在脑子里经历的是扩散衰减过程,也可以由扩散方程这一数学模型来描述.2018 年全国数学建模竞赛 A 题高温作业服装问题、2011 年全国数学建模竞赛 A 题城市表层重金属污染分析、2013 年美国数学建模竞赛 A 题烤盘受热规律分析、2016 年美国数学建模竞赛 A 题恒温浴缸问题等都可以用偏微分方程模型来描述,所以数学物理方程是解决许多实际问题的有力工具,与数学建模等课程联系密切.

1.3.3 稳态方程(拉普拉斯方程和泊松方程) 的导出

当研究物理中各种现象(如振动、热传导、物质扩散) 的稳定过程时,由于描述该过程的物理量 u 不随时间 t 的变化而变化,因此 $u_t = 0$. 此时方程式(1.3-7) 变为三维拉普拉斯 (Laplace) 方程

$$u_{xx} + u_{yy} + u_{zz} = 0. \tag{1.3-11}$$

方程式(1.3-11) 通常表示成 $\Delta u = 0$ 或 $\nabla^2 u = 0$.

下面引进泊松(Poisson) 方程. 考虑电荷密度为 $\rho(x,y,z)$、介电常数 $\varepsilon = 1$ 的静电场 E. 设点 $M(x,y,z)$ 处的电位为 $u = u(x,y,z)$. 定义电场强度 $E = - \nabla u$. 假设封闭曲面 S 所围成的区域为 Ω, 在其内任取一个体积微元 dv. 由静电学基本原理, 穿过封闭曲面 S 向外的电通量等于封闭曲面 S 所围空间中的电通量的 4π 倍, 即

$$\iint\limits_{S} E dS = 4\pi \iiint\limits_{\Omega} \rho(x,y,z) dv.$$

由曲面积分的高斯公式, 得

$$\iiint\limits_{\Omega} \mathrm{div} E dv = \iint\limits_{S} E dS,$$

即

$$\iiint\limits_{\Omega} \mathrm{div}(\nabla u) dv = - 4\pi \iiint\limits_{\Omega} \rho(x,y,z) dv.$$

由于 Ω 是任意的, 所以 $\mathrm{div}(\nabla u) = - 4\pi \rho$, 即

$$u_{xx} + u_{yy} + u_{zz} = - 4\pi \rho. \tag{1.3-12}$$

这就是电位所满足的方程. 该方程通常称为三维泊松方程. 特别地, 当 $\rho = 0$(即自由电场的情况) 时, 电位满足三维拉普拉斯方程式(1.3-11).

拉普拉斯方程和泊松方程不仅出现在稳恒温度场中, 它还可以描述许多物理现象, 如静电场、引力势、流体力学中的势和弹性力学中的调和势等. 概括地说, 它所描写的自然现象是稳恒的、定常的, 即与时间无关的.

1.4 定解条件与定解问题

偏微分方程一般有无穷多个解, 在求解具体问题时还需要一些定解条件. 一个偏微分方程与定解条件一起构成对于具体问题的完整描述, 称为定解问题. 定解问题中的偏微分方程称为泛定方程. 常见的定解条件可分为初始条件与边界条件. 下面我们来介绍这些定解条件.

1.4.1 初始条件

研究随时间变化的问题, 必须考虑某个所谓初始时间的状态. 用以说明初始状态的条件称为初始条件或称柯西初始条件.

以弦振动问题为例, 初始条件就是弦在开始时刻(假设为 $t = 0$ 时刻) 的位移及速度, 以 $\varphi(x)$、$\psi(x)$ 分别表示初始位移及速度, 则初始条件可表示为

$$u(x,0) = \varphi(x), u_t(x,0) = \psi(x), 0 \leq x \leq L. \tag{1.4-1}$$

对于高维的波动方程也有类似的初始条件.

对热传导问题而言,初始条件是指在开始时刻物体温度的分布情况.以 $\varphi(M)$ 表示开始时刻 Ω 内任一点 M 处的温度,则它的初始条件为

$$u(M,0) = \varphi(M), M \in \Omega. \tag{1.4-2}$$

拉普拉斯方程和泊松方程都是描述稳恒状态的,与时间无关,所以不提初始条件.

需要说明的是,对于不同类型的方程,所给初始条件的个数是不一样的.一般地,关于时间 t 的 m 阶偏微分方程,要给出 m 个初始条件才能确定一个特解.所以对波动方程需要两个初始条件,对热传导方程仅需要一个初始条件.

1.4.2 边界条件

与初始条件相比,用以说明边界上的约束情况的条件称为边界条件.

以弦振动问题为例.从物理学得知,其端点(以 $x = L$ 表示其右端点为例) 所受的约束情况通常有以下三种类型.

(1) 固定端

假设弦在振动过程中端点 $x = L$ 始终保持不变,那么边界条件表示为

$$u(L,t) = 0, t \geq 0. \tag{1.4-3}$$

(2) 自由端

如果弦在端点 $x = L$ 不受位移方向的外力,那么在该端点处,弦在位移方向的张力为零.由方程式(1.3-1) 推导过程可知,此时对应的边界条件为

$$T\frac{\partial u}{\partial x}\Big|_{x=L} = 0 \text{ 或 } u_x(L,t) = 0, t \geq 0. \tag{1.4-4}$$

(3) 弹性支承端

假定弦在端点 $x = L$ 被某个弹性体所支承.设弹性支承原来的位置 $u = 0$,则 $u(L,t)$ 就表示弹性支承的应变.由胡克定律可知,这时弦在 $x = L$ 处沿位移方向的张力 $Tu_x(L,t)$ 应等于 $- ku(L,t)$.由此可得

$$(u_x + \sigma u)\big|_{x=L} = 0, \tag{1.4-5}$$

式中, $\sigma = k/T, k$ 为弹性系数.

对于热传导问题来说,也有类似的边界条件(以 $\partial\Omega$ 表示区域 Ω 的边界).

(1) 如果在热传导过程中,边界 $\partial\Omega$ 上的温度分布为已知函数 $f(x,y,z,t)$,此时边界条件为

$$u(x,y,z,t) = f(x,y,z,t), (x,y,z) \in \partial\Omega, t \geq 0. \tag{1.4-6}$$

(2) 如果在热传导过程中物体与周围介质处于绝热状态,那么在 $\partial\Omega$ 上的热量流速始终为零,即

$$\frac{\partial u}{\partial \boldsymbol{n}} = 0, (x,y,z) \in \partial\Omega, t \geq 0. \tag{1.4-7}$$

(3) 设物体周围介质的温度为 $u_1(x,y,z,t)$ 物体与介质通过边界 $\partial\Omega$ 有热交换.根据牛顿热交换定律:物体从一种介质流到另一种介质的热量与两种介质间的温度差成正比,于是有

$$dQ = h(u - u_1)dSdt,$$

式中,h 为两种介质间的热交换系数.上式表示在 dt 时段内从物体外部流入物体无穷小面积 dS 上的热量,该热量通过 dS 流入物体内部.由傅里叶定律,应有

$$dQ = -k\frac{\partial u}{\partial \boldsymbol{n}}dSdt.$$

根据热量守恒定律,得

$$k\frac{\partial u}{\partial \boldsymbol{n}} = h(u_1 - u),(x,y,z) \in \partial\Omega,$$

即

$$\frac{\partial u}{\partial \boldsymbol{n}} + \sigma u = \sigma u_1,(x,y,z) \in \partial\Omega, \tag{1.4-8}$$

式中,$\sigma = h/k.$

概括起来,无论对弦振动问题,还是热传导问题,它们所对应的边界条件从数学的角度看有如下三种类型:

(1) 在边界 $\partial\Omega$ 上直接给出未知函数 u 的值,即

$$u\big|_{\partial\Omega} = f. \tag{1.4-9}$$

方程式(1.4-9)称为第一类边界条件,又称狄利克雷(Dirichlet)边界条件.

(2) 在边界 $\partial\Omega$ 上给出未知函数 u 沿边界 $\partial\Omega$ 的外法线方向的值,即

$$\frac{\partial u}{\partial \boldsymbol{n}}\big|_{\partial\Omega} = f, \tag{1.4-10}$$

式中,$\boldsymbol{n}$ 表示 $\partial\Omega$ 的外法线方向. 方程式(1.4-10) 称为第二类边界条件,又称诺伊曼(Neumann) 边界条件.

(3) 在边界 $\partial\Omega$ 上给出未知函数 u 及其沿 $\partial\Omega$ 的外法线方向导数的某一个线性组合的值,即

$$\left(\frac{\partial u}{\partial \boldsymbol{n}} + \sigma u\right)\bigg|_{\partial\Omega} = f. \tag{1.4-11}$$

方程式(1.3-11) 称为第三类边界条件,又称罗宾(Robin) 边界条件或称混合边界条件.需要注意的是上述各边界条件右端项 f 都是定义在边界 $\partial\Omega$ 上的已知函数.

对于拉普拉斯方程和泊松方程,也有上述三种边界条件,只是由于它与时间变量 t 无关,方程式(1.4-9)、(1.4-10)、(1.4-11) 右端函数 f 不含 t.

除以上三类边界条件以外,由于物理上合理性的需要,有时还需对方程中的未知函数附加以单值、有限和周期性等限制,如 $u(\theta + 2\pi) = u(\theta)$,$u\big|_{\partial\Omega}$ 取有限值等,这类附加条件称为自然边界条件.

此外,在定解条件(包括初始条件和边界条件) 中,与未知函数无关的项(一般写在等式的右边) 称为自由项,自由项恒等于零的定解条件称为齐次定解条件;否则称为非齐次定解条件.

1.4.3 定解问题

我们知道,只有当一个数学物理方程和相应的定解条件一起才能构成对于具体问题的

完整描述,这种问题称为定解问题.在定解问题中,如果只有初始条件而没有边界条件,称为初值问题,或者柯西问题.如无限长弦的自由横向振动问题

$$\begin{cases} u_{tt} = a^2 u_{xx}, & -\infty < x < +\infty, t > 0, \\ u(x,0) = \varphi(x), u_t(x,0) = \psi(x), & -\infty < x < +\infty. \end{cases} \quad (1.4\text{-}12)$$

在定解问题中,如果只有边界条件,没有初始条件,称为边值问题.如拉普拉斯方程边值问题

$$\begin{cases} \Delta u = u_{xx} + u_{yy} + u_{zz} = 0, (x,y,z) \in \Omega, \\ u(x,y,z) = f(x,y,z), & (x,y,z) \in \partial\Omega \end{cases} \quad (1.4\text{-}13)$$

称为第一类边值问题,或称狄利克雷边值问题.而问题

$$\begin{cases} \Delta u = 0, (x,y,z) \in \Omega \\ \dfrac{\partial u}{\partial \boldsymbol{n}} = f(x,y,z), (x,y,z) \in \partial\Omega \end{cases} \quad (1.4\text{-}14)$$

称为第二类边值问题,或称诺伊曼边值问题.定解问题

$$\begin{cases} \Delta u = 0, & (x,y,z) \in \Omega, \\ \dfrac{\partial u}{\partial \boldsymbol{n}} + \sigma u = f(x,y,z), & (x,y,z) \in \partial\Omega, \end{cases} \quad (1.4\text{-}15)$$

称为第三类边值问题,或称为罗宾边值问题.在以上边值问题中, Ω 是空间 R^3 中的有界区域,边界 $\partial\Omega$ 光滑或者分片光滑. $\overline{\Omega}$ 是空间 R^3 中的包含边界 $\partial\Omega$ 的有界区域.对于泊松方程也可以提对应的三类边值问题.

既有初始条件又有边界条件的定解问题称为初边值问题,或称混合问题.初边值问题依边界条件也可以分为三类.比如对三维非齐次波动方程

$$u_{tt} = a^2 \Delta u + f(x,y,z,t)$$

分别有第一类初边值问题

$$\begin{cases} u_{tt} = a^2 \Delta u + f(x,y,z,t), & (x,y,z) \in \Omega, t > 0, \\ u\big|_{t=0} = \varphi(x,y,z), u_t\big|_{t=0} = \psi(x,y,z), & (x,y,z) \in \overline{\Omega}, \\ u(x,y,z,t) = g(x,y,z,t), & (x,y,z) \in \partial\Omega, t \geq 0. \end{cases}$$

第二类初边值问题

$$\begin{cases} u_{tt} = a^2 \Delta u + f(x,y,z,t), & (x,y,z) \in \Omega, t > 0, \\ u\big|_{t=0} = \varphi(x,y,z), u_t\big|_{t=0} = \psi(x,y,z), & (x,y,z) \in \overline{\Omega}, \\ \dfrac{\partial u}{\partial \boldsymbol{n}} = g(x,y,z,t), & (x,y,z) \in \partial\Omega, t \geq 0. \end{cases}$$

第三类初边值问题

$$\begin{cases} u_{tt} = a^2 \Delta u + f(x,y,z,t), & (x,y,z) \in \Omega, t > 0, \\ u\big|_{t=0} = \varphi(x,y,z), u_t\big|_{t=0} = \psi(x,y,z), & (x,y,z) \in \overline{\Omega}, \\ \dfrac{\partial u}{\partial \boldsymbol{n}} + \sigma u = g(x,y,z,t), & (x,y,z) \in \partial\Omega, t \geq 0. \end{cases}$$

对于一般的热传导方程(以三维为例)

$$u_t = a^2 \Delta u + f(x,y,z,t),$$

也可类似地给出对应的三类初边值问题.

顺便指出,同一个定解问题(边值问题或初边值问题)中不同的边界部分可以满足不同类型的边界条件,这种问题又称混合边值问题.

例 1.4-1 一根长度为 L 的弹性杆,一端固定,另一端被拉离平衡位置达到 b 而静止放手任其振动.试写出杆振动的定解问题.

解 取如图 1.4-1 所示的坐标系.

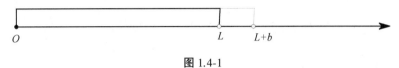

图 1.4-1

泛定方程就是一维波动方程(杆的纵向振动方程)

$$u_{tt} = a^2 u_{xx}, 0 < x < L.$$

在初始时刻(即放手之时),杆振动的速度为零,即 $u_t(x,0) = 0, 0 \leq x \leq L$.

而在 $x = L$ 端拉离平衡位置,使整个弹性杆伸长了 b.这个 b 是来自整个杆各部分伸长后的贡献,而不是 $x = L$ 一端伸长的贡献,故整个弹性杆的初始位移为

$$u \mid_{t=0} = \frac{b}{L}x, 0 \leq x \leq L.$$

再分析边界条件.一端 $x = 0$ 固定,即该端位移为零,故有 $u(0,t) = 0, t \geq 0$.另一端由于放手任其振动时未受外力,故有 $u_x(L,t) = 0, t \geq 0$.所以,所求杆振动的定解问题为

$$\begin{cases} u_{tt} = a^2 u_{xx}, & 0 < x < L, t > 0, \\ u(x,0) = \dfrac{b}{L}x, u_t(x,0) = 0, & 0 \leq x \leq L, \\ u(0,t) = 0, u_x(L,t) = 0, & t \geq 0. \end{cases} \tag{1.4-16}$$

例 1.4-2 长度为 L 的均匀弦,两端 $x = 0$ 和 $x = L$ 固定,弦中张力为 T,在 $x = x_0$ 处以横向力 F 拉弦,达到稳定后放手任其振动.试写出初始条件.

解 建立如图 1.4-2 所示的坐标系.

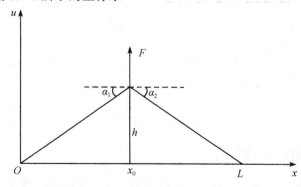

图 1.4-2

设弦在 x_0 点受到横向力 T 作用后发生的位移为 h，则弦的初始位移为

$$u(x,0) = \begin{cases} \dfrac{hx}{x_0}, & 0 \leqslant x \leqslant x_0, \\ \dfrac{h(L-x)}{L-x_0}, & x_0 \leqslant x \leqslant L, \end{cases}$$

式中，h 待求.由牛顿第二定律，得

$$F - T\sin\alpha_1 - T\sin\alpha_2 = 0,$$

在微小振动情况下，

$$\sin\alpha_1 \approx \tan\alpha_1 = \frac{h}{x_0}, \sin\alpha_2 \approx \tan\alpha_2 = \frac{h}{L-x_0},$$

所以

$$F = \frac{Th}{x_0} + \frac{Th}{L-x_0},$$

因此

$$h = \frac{Fx_0(L-x_0)}{TL}.$$

从而初始位移为

$$u(x,0) = \begin{cases} \dfrac{F(L-x_0)}{TL}x, & 0 \leqslant x \leqslant x_0, \\ \dfrac{Fx_0}{TL}(L-x), & x_0 \leqslant x \leqslant L. \end{cases}$$

而初始速度为 $u_t(x,0) = 0$.

例 1.4-3　考虑长度为 L 的均匀细杆的热传导问题.若（1）杆的两端温度保持为零度；（2）杆的两端保持为绝热状态；（3）杆的一端温度为恒温零度，另一端保持为绝热状态.试写出该热传导问题在以上三种情况下的边界条件.

解　设杆的温度为 $u(x,t)$，则

（1）$u(0,t) = 0, u(L,t) = 0$.

（2）当沿杆长度方向有热量流动时，由傅里叶定律得

$$q_1 = k\frac{\partial u}{\partial x}\Big|_{x=0}, q_2 = -k\frac{\partial u}{\partial x}\Big|_{x=L},$$

式中，q_1、q_2 分别为 $x=0$ 和 $x=L$ 处的热流强度.而杆的两端绝热，这就意味着杆的两端与外界没有热量交换，亦即没有热量的流动，故有 $q_1 = q_2 = 0$，即 $u_x(0,t) = 0, u_x(L,t) = 0$.

（3）显然，此时有

$$u(0,t) = 0, u_x(L,t) = 0.$$

1.4.4　定解问题的适定性

在偏微分方程中，每一个能正确反映物理过程的定解问题应该是唯一确定的.这是因为

所考察的物理过程在一定条件下总是具有唯一确定的状态.从数学上看,这样的定解问题应该存在唯一解.此外,当定解条件有微小变化时,解的变化应该是微小的.这是因为出现在定解条件中的数据通常是由实验测得的,一般只是近似的.在这样的定解条件下求得的解只有在与精确的定解条件下对应的解相差很小时才有实际意义.这就引起了人们对定解问题适定性的研究.如果一个定解问题的解存在、唯一,且解连续依赖于定解条件中的初始数据或者边界数据,则称该定解问题是适定的(well-posed);否则称它是不适定的(ill-posed).这里的连续依赖性(又称稳定性)是指当定解条件中数据变化很小时,对应的解变化也很小.一般来说,定解问题适定性的讨论是比较困难的.本课程所研究的波动方程的初值问题及初边值问题、热传导方程的初值问题及初边值问题、拉普拉斯方程(包括泊松方程)的边值问题等五类定解问题都是适定的.但是对不适定问题的研究也是非常有意义的.

值得注意的是,并非每个偏微分方程的定解问题都是适定的.我们给出下面的两个例子.

例 1.4-4 拉普拉斯方程的边值问题

$$\begin{cases} \Delta u = u_{xx} + u_{yy} = 0, & x > 0, y \in R^1, \\ u(0,y) = \varphi_0(y), u_x(0,y) = \psi_0(y), & y \in R^1, \end{cases} \tag{1.4-17}$$

是不适定的,这里和以后记 $R^1 = (-\infty, +\infty)$.

证明 考虑定解问题

$$\begin{cases} \Delta u = u_{xx} + u_{yy} = 0, & x > 0, y \in R^1 \\ u(0,y) = 0, u_x(0,y) = n^{-k}\sin ny, & y \in R^1, \end{cases} \tag{1.4-18}$$

式中,n 和 k 为正整数.容易验证,函数

$$g(x,y) = \frac{e^{nx} - e^{-nx}}{2n^{k+1}}\sin ny \tag{1.4-19}$$

是上述定解问题的解,可以证明上述定解问题的解是唯一的.

若设边值问题

$$\begin{cases} \Delta u = u_{xx} + u_{yy} = 0, & x > 0, y \in R^1 \\ u(0,y) = \varphi_0(y), u_x(0,y) = \psi_0(y), & y \in R^1, \end{cases} \tag{1.4-20}$$

的解为 $u_0(x,y)$.由本章 1.6 介绍的线性叠加原理可知,边值问题

$$\begin{cases} \Delta u = u_{xx} + u_{yy} = 0, & x > 0, y \in R^1, \\ u(0,y) = \varphi_0(y), u_x(0,y) = \psi_0(y) + n^{-k}\sin ny, & y \in R^1, \end{cases} \tag{1.4-21}$$

的解为

$$u = u(x,y) = u_0(x,y) + g(x,y). \tag{1.4-22}$$

显然

$$\left| \frac{\sin ny}{n^k} \right| \le \frac{1}{n^k} \to 0, n \to +\infty,$$

但是,当 $n \to +\infty$ 时,

$$\sup_{\substack{x>0\\y\in R^1}}|g(x,y)|=\frac{1}{2n^{k+1}}\sup_{\substack{x>0\\y\in R^1}}|e^{nx}-e^{-nx}||\sin ny|$$

$$=\frac{1}{2n^{k+1}}\sup_{x>0}|e^{nx}-e^{-nx}|$$

$$\geqslant\frac{1}{2n^{k+1}}(e^n-e^{-n})\rightarrow+\infty.\qquad(1.4\text{-}23)$$

这表明方程式（1.4-17）的解是不稳定的.所以,拉普拉斯方程的边值问题是不适定的.

例 1.4-5 双曲型方程的边值问题

$$\begin{cases}u_{xy}=0, & 0<x<1,0<y<1,\\ u(0,y)=f_1(y),u(1,y)=f_2(y), & 0\leqslant y\leqslant1\\ u(x,0)=g_1(x),u(x,1)=g_2(x), & 0\leqslant x\leqslant1\end{cases}\qquad(1.4\text{-}24)$$

是不适定的.

证明 方程 $u_{xy}=0$ 的通解为 $u(x,y)=f(x)+g(y)$,式中,$f(x)$、$g(y)$ 为任意二阶可微函数.由边界条件得

$$f(0)+g(y)=f_1(y),f(1)+g(y)=f_2(y),$$
$$f(x)+g(0)=g_1(x),f(x)+g(1)=g_2(x).\qquad(1.4\text{-}25)$$

方程式（1.4-25）表明 $f_1(y)$ 与 $f_2(y)$,$g_1(x)$ 与 $g_2(x)$ 之间必定存在某种关系（事实上,它们此时相差某一个常数）;否则就找不到合适的 $f(x)$、$g(y)$ 满足上述等式.从而相应的定解问题无解.这也说明在定解问题方程式（1.4-24）中边界上的数据不是随便给出的,因此,双曲型方程的边值问题方程式（1.4-24）是不适定的.

需要说明的是,研究偏微分方程的定解问题的适定性是很有意义的问题.无论是对一般类型的偏微分方程的定解问题的探讨,还是对具体方程具体定解问题的深入研究都促使我们更深刻地了解偏微分方程的性质,同时也可以启发我们提出一些求解的方法.

另外,值得注意的是,所谓不适定的定解问题是一种与适定的定解问题有重要区别的问题,因而不能随意地将适用于适定的定解问题结论及求解方法搬到不适定的定解问题上来,但这并不意味着对不适定的定解问题已不值得做任何研究了.事实上,由于近年来在流体力学、金属探测、气象预报等实际问题中经常会遇到这类不适定的问题,因而在不适定问题的理论与求解方法上已有了丰富的研究成果.

1.5 三类古典方程的比较

波动方程、热传导方程和稳态方程来源于不同的实际问题,具有不同的物理背景,但它们又同属于二阶线性偏微分方程的范畴.因此,不论在形式上还是在性质上,它们既有个性,又有共性.本节将三类古典方程做一些比较.

三类古典方程都是二阶偏微分方程,并且构成了二阶线性偏微分方程的经典代表.我们在后面将会看到,根据二阶线性偏微分方程的特征结构可将二阶线性偏微分方程划分为以

波动方程为代表的双曲型方程、以热传导方程为代表的抛物型方程和以稳态方程为代表的椭圆型方程.

三类古典方程描述了不同条件下的物理现象,在物理意义上差别很大.稳态方程描述的是处于稳态或平衡态的物理现象,所描述事物的变化规律与时间无关;波动方程和热传导方程研究的是瞬时或发展的物理问题,描述的物理现象与时间有关.此外,由于波动方程和热传导方程各自描述的物理现象也不同,它们与时间联系的方式也不同:热传导方程仅包含对时间的一阶导数,而波动方程包含了对时间的二阶导数.正是由于这些差异,导致了三类古典方程定解问题的提法完全不同.对稳态方程,只提边值问题;对热传导方程和波动方程,即可以提初值问题,也可以提初边值问题.

以上是从它们各自的物理背景出发提出不同的定解问题,我们能否抛开物理背景,单纯从数学角度提定解问题呢?例如,一维波动方程和二维拉普拉斯方程,如果忽略时间变量和空间变量的差别,只是将它们看成两个不同的变量,且都以 x、y 表示这两个变量,则一维波动方程和二维拉普拉斯方程具有类似的二阶偏微分方程形式:

$$u_{xx} - u_{yy} = 0, \tag{1.5-1}$$
$$u_{xx} + u_{yy} = 0. \tag{1.5-2}$$

这样看来,它们的差别似乎很小.能否对弦振动方程(1.5-1)提边值问题,而对拉普拉斯方程(1.5-2)提柯西问题或混合初边值问题?著名的Hadamard例子表明拉普拉斯方程的混合问题或柯西问题的解可以存在且唯一,但不适定.同样,有例子说明波动方程和热传导方程的边值问题不一定有解.一般而言,脱离物理背景提定解问题是没有意义的,换句话说,对方程提定解问题不是随意的.

三类古典方程反映了不同的自然现象,其解的性质必然不同.而它们又同属于常系数二阶线性偏微分方程,其解又必然具有某些相似的性质.下面,就对它们解的性质进行比较.

(1)解的光滑性

三类古典方程描绘了不同的物理现象,决定了解的光滑性不同.稳态方程描绘的是处于平衡状态或稳定状态的物理现象,平衡和稳定的状态就决定了其解应是非常光滑的;热传导方程刻画了热传播的物理现象,热的传播具有迅速趋于平衡的特点,因而其解也应是十分光滑的;而波动方程所描绘的波的传播就不同了,因为波的传播可将一定的间断性保留下来,所以波动方程的解并不充分光滑.对稳态方程的边值问题来说,任何连续解都是解析的,因而具有很好的光滑性;对热传导方程的柯西问题,只要初值有界,不论是否可微,解必是空间变量的解析函数,是时间变量的无穷可微函数,换句话说,初值可以存在不连续点,但这些不连续性不向定解区域内传播,因此,热传导方程的解也具有好的光滑性;对于波动方程的柯西问题,只有当其具有 C^2 的初位移和 C^1 的初速度时,其古典解才存在,并且解的光滑性不超过初始条件的光滑性.

(2)解的传播性质

解的传播性质是对发展方程来说的,因此,这里只讨论波动方程和热传导方程的解的传播性质.我们从基本的生活常识中知道,向一个平静的水面投下一粒石子,激起的浪花呈波浪状态向外一圈圈传播,经过一段时间后才波及水面的其余部分,这反映了波的传播具有有限的传播速度.对热的传播来说,热可以迅速传播到远处,这反映了热的传播的无限性.此外,三维波的传播具有明显的波前和波后,即具有惠更斯(Huygens)现象,热的传播不具有这种现象.

(3) 影响区域与依赖区域

三类古典方程形式上的不同导致了其解的影响区域与依赖区域具有很大的差别.对波动方程,一点的影响区域是以该点为顶点向定解区域做特征线形成的特征锥的内部(三维时为锥的表面),特征锥的特征线的斜率就是波的传播速度,而一点的依赖区域就是以该点为顶点向下作的特征锥与平面 $t = 0$ 的交集.因此,影响区域只是定解区域的一部分,依赖区域是时间柱上的一部分.对热传导方程,无限传播的性质表明,一点的影响区域就是整个定解区域,也就是说,初始时刻任意点的热的分布,都以极快的速度传播出去,影响到定解区域内每一点的热分布;反过来,定解区域内任意点的依赖区域就是整个时间直线 $t = 0$.对稳态方程来说,由于考虑的是稳态问题,没有初始时刻的影响,也就没有传播速度、依赖区域和影响区域.

(4) 解的极值性质

三类古典方程解的极值性质也十分不同.波动方程没有极值性质,因为波的传播可以相互叠加,在叠加的部分上,峰值可能增加,也可能减少.因而波的扰动可以在区域内部达到最大值或最小值.对热传导方程,由于传播速度的无限性,热量传播极快,故在初始时刻,如果区域内部有极值,则在 $t > 0$ 的时刻,内部极值会迅速消失,也就是说,区域内部的最大(小)值不能超过(低于)区域边界上的最大(小)值,这就是弱极值原理.对稳态方程来说,当解不是常数时,其最大值和最小值只能在边界上取得,这就是强极值原理.

(5) 关于时间的反演

关于时间的反演是指所考虑的物理状态的变化过程是否可逆.在一定的外界条件下,按某种规律变化的物理状态,设在时刻 t_1 时状态为 A,当时刻变为 t_2 时状态为 B,因而正向的变化过程为,随着时刻 t_1 变为 t_2,物理状态由状态 A 变为状态 B.如果在同样的外界条件下,能使状态 B 恢复到状态 A,则称这种物理状态的变化过程是可逆的.

一个物理状态的变化过程是否可逆,在数学上反映为相应的方程关于时间 t 是否对称,即以 $-t$ 代替 t 后方程是否改变.

稳态方程中不出现时间变量,没有反演问题.对波动方程,直观上看,关于时间 t 是对称的,故波动方程是可以反演的,波的传播是一个可逆过程.对于一维弦振动方程 $u_{tt} = a^2 u_{xx}$,设已知时刻 $t = 0$ 时,物理状态为 $u(x,0) = u_0(x)$,相应地 $t = t_0$ 时刻的物理状态为 $u(x,t_0)$.现在反方向思考问题,即已知 $t = t_0$ 时的状态为 $u(x,t_0)$,求 $t = 0$ 时的状态.这相当于求解波动方程具有下面初始条件的定解问题

$$t = t_0 : u = u(x,t_0), u_t = u_t(x,t_0)$$

作变换 $t' = t_0 - t$,上述初始条件化为 $t' > 0$ 的定解问题

$$t' = 0 : u = u(x,t_0), u_{t'} = -u_t(x,t_0)$$

显然,此定解问题形式上与原定解问题相同,因而其解 $u(x,t') = u(x,t_0 - t')$.则当 $t' = 0$ 时,$u(x,0) = u(x,t_0)$.这说明状态经过时间 t_0 恢复到了原状态,即这一变化过程是可逆的.

然而,热传导方程描述的变化过程是不可逆的.事实上,对热传导方程 $u_t = a^2 u_{xx}$,引入变换 $u(x,t') = u(x, t_0 - t')$ 后,方程变为 $u_t' = -a^2 u_{xx}$.方程形式发生变化,导致了不同形式的解,因而其变化过程是不可逆的.这反映了热传导方程所描述的物理现象,如热的传播、分子的扩散等都是由高到低、由密到疏的单向变化过程,这种变化过程是不可逆的.

1.6 线性叠加原理

在物理学、力学和工程技术科学等学科中,许多现象具有叠加效应,即几种不同因素同时出现时所产生的效果等于各个因素分别单独出现时所产生的效果的总和(叠加).例如,多个点电荷所产生的总电势,等于各个电荷单独产生的电势的叠加.在物理学问题中,通常方程或定解条件中的非齐次项反映引起物理过程的源.线性叠加原理则说明多个源共同作用的结果等于各个源单独作用的总和,这在物理学上称为独立作用原理,这是线性问题的基本特征,这种叠加效应称为线性叠加原理,简称叠加原理.是否满足线性叠加原理是线性问题和非线性问题最本质的区别.利用叠加原理我们总可以把一个较复杂的线性问题分解成若干简单线性问题来求解.

下面来叙述叠加原理在数学物理方程线性定解问题中的具体表现.我们把泛定方程和各种定解条件均为线性的定解问题称为线性定解问题.

1.6.1 线性叠加原理

n 个自变量的二阶线性偏微分方程表示为

$$\sum_{i,j=1}^{n} a_{ij} \frac{\partial^2 u}{\partial x_i \partial x_j} + \sum_{j=1}^{n} b_j \frac{\partial u}{\partial x_j} + cu = f,$$

引进偏微分算子

$$L = \sum_{i,j=1}^{n} a_{ij} \frac{\partial^2}{\partial x_i \partial x_j} + \sum_{j=1}^{n} b_j \frac{\partial}{\partial x_j} + c, \tag{1.6-1}$$

则可简单表示为

$$Lu(x) = f(x).$$

一般地,称从一个函数类(定义域)到另一个函数类(值域)的映射 T 为一个算子.如果定义域与值域都是数域 Λ 上的线性空间,对定义域中任意两个函数 u_1、u_2 和 Λ 中任意两个数 λ_1、λ_2 有 $T(\lambda_1 u_1 + \lambda_2 u_2) = \lambda_1 T u_1 + \lambda_2 T u_2$,则称 T 是线性算子.

显然,上述线性偏微分算子方程式(1.6-1)是函数空间 C^2 到 C 的线性算子,拉普拉斯算子 $\Delta_3 = \frac{\partial^2}{\partial x^2} + \frac{\partial^2}{\partial y^2} + \frac{\partial^2}{\partial z^2}$ 是其特殊情况.傅里叶变换 $F[f(x)] = \int_{-\infty}^{+\infty} f(x) e^{-i\lambda x} dx$,拉普拉斯变换 $T[f(t)] = \int_{0}^{+\infty} f(t) e^{-pt} dt$ 都是线性积分算子.若记

$$L_1 = \lim_{t \to 0}, L_2 = \lim_{t \to 0} \frac{\partial}{\partial t}, L_3 = \lim_{x \to x_0} \left(\alpha + \beta \frac{\partial}{\partial n} \right),$$

则初始条件、边界条件均可表示为线性算子形式

$$L_j u(x) = \varphi(x).$$

由线性算子的定义,有下列叠加原理.

设 L 是关于 $x = (x_1, x_2, \cdots, x_n)$ 的任意阶线性微分算子(常或偏),则有

(1) 有限叠加原理

若 $u_j(x)$ 满足 $Lu_j(x) = f_j(x)$, $j = 1, 2, \cdots, m$,则当

$$u(x) = \sum_{j=1}^{m} \lambda_j u_j(x) \text{ 时,有 } Lu(x) = \sum_{j=1}^{m} \lambda_j f_j(x), \lambda_j \in \Lambda, j = 1, 2, \cdots, m.$$

(2) 级数叠加原理

若 $u_j(x)$ 满足 $Lu_j(x) = f_j(x)$, $j = 1, 2, \cdots$,则当

$$u(x) = \sum_{j=1}^{\infty} \lambda_j u_j(x) \text{ 时,有 } Lu(x) = \sum_{j=1}^{\infty} \lambda_j f_j(x), \lambda_j \in \Lambda, j = 1, 2, \cdots.$$

(3) 积分叠加原理

若 $u(x, \xi)$ 满足 $Lu(x, \xi) = f(x, \xi)$, $\xi \in V$,则当

$$U(x) = \int_V \lambda(\xi) u(x, \xi) \, \mathrm{d}\xi \text{ 时,有 } LU(x) = \int_V \lambda(\xi) f(x, \xi) \, \mathrm{d}\xi.$$

有限叠加原理是线性算子定义的直接推广. 而级数叠加原理及积分叠加原理分别要求 $\sum_{j=1}^{\infty} \lambda_j f_j$, $\int_V \lambda(\xi) u(x, \xi) \, \mathrm{d}\xi$ 收敛,算子 L 与求和号、积分号可以交换次序. 在经典意义下这些条件要求很高,实际问题不一定能满足,但是在推广意义下,这种交换总可以进行. 下文中,我们将不受限制地使用这些叠加原理.

叠加原理是研究线性问题的最基本原理,基于此原理,常将一个复杂问题的求解利用叠加原理化为几个较简单问题的求解,从而使问题得以解决. 作为特例,我们来具体写出一维热传导方程及其定解问题的叠加原理(请读者自行验证).

(1) 若 $u_i(x, t)(i = 1, 2, \cdots)$ 是齐次热传导方程

$$u_t = a^2 u_{xx}, (x, t) \in D \tag{1.6-2}$$

的解,则 $u = \sum_{i=1}^{\infty} C_i u_i(x, t)$ 也是该方程的解,式中,C_i 为任意常数,区域

$$D = \{(x, t) \mid 0 < x < L, t > 0\} \text{ 或 } D = \{(x, t) \mid -\infty < x < +\infty, t > 0\}.$$

(2) 若 $u_i(x, t)(i = 1, 2, \cdots)$ 是非齐次热传导方程

$$u_t = a^2 u_{xx} + f_i(x, t), (x, t) \in D \tag{1.6-3}$$

的解,则 $u = \sum_{i=1}^{\infty} C_i u_i(x, t)$ 是非齐次热传导方程

$$u_t = a^2 u_{xx} + \sum_{i=1}^{\infty} C_i f_i(x, t), (x, t) \in D \tag{1.6-4}$$

的解.

上述函数 $u = \sum_{i=1}^{\infty} C_i u_i(x, t)$ 在 D 内收敛,且对 t 可逐项求导,对 x 可逐项求导两次,且求导后的级数在 D 内收敛.

（3）设 $v(x,t)$ 是一维波动方程定解问题

$$\begin{cases} v_{tt} = a^2 v_{xx} + f(x,t), & 0 < x < L, t > 0, \\ v(x,0) = 0, v_t(x,0) = 0, & 0 \leqslant x \leqslant L, \\ v(0,t) = 0, v(L,t) = 0, & t \geqslant 0, \end{cases} \tag{1.6-5}$$

的解，$W(x,t)$ 是定解问题

$$\begin{cases} w_{tt} = a^2 w_{xx}, & 0 < x < L, t > 0, \\ w(x,0) = \varphi(x), w_t(x,0) = \psi(x), & 0 \leqslant x \leqslant L, \\ w(0,t) = 0, w(L,t) = 0, & t \geqslant 0, \end{cases} \tag{1.6-6}$$

的解，则 $u(x,t) = v(x,t) + w(x,t)$ 是定解问题

$$\begin{cases} u_{tt} = a^2 u_{xx} + f(x,t), & 0 < x < L, t > 0, \\ u(x,0) = \varphi(x), u_t(x,0) = \psi(x), & 0 \leqslant x \leqslant L, \\ u(0,t) = 0, u(L,t) = 0, & t \geqslant 0 \end{cases} \tag{1.6-7}$$

的解.

例 1.6-1 求泊松方程

$$u_{xx} + u_{yy} = x^2 + xy + y^2 \tag{1.6-8}$$

的通解.

解 先求出方程的一个特解 $v = v(x,y)$，使其满足

$$v_{xx} + v_{yy} = x^2 + xy + y^2.$$

由于方程右端是一个二元二次齐次多项式，可设 $v(x,y)$ 具有形式

$$v(x,y) = ax^4 + bx^3 y + cy^4,$$

式中，a、b、c 是待定常数.

把上式代入方程中，得

$$v_{xx} + v_{yy} = 12ax^2 + 6bxy + 12cy^2 = x^2 + xy + y^2.$$

比较两边系数，可得

$$a = \frac{1}{12}, b = \frac{1}{6}, c = \frac{1}{12}.$$

于是

$$v(x,y) = \frac{1}{12}(x^4 + 2x^3 y + y^4).$$

下面求函数 $w = w(x,y)$，使其满足 $w_{xx} + w_{yy} = 0$. 作变量代换 $\xi = x, \eta = iy(i = \sqrt{-1})$，得

$$w_{\xi\xi} - w_{\eta\eta} = 0, \tag{1.6-9}$$

再作变量代换 $s = \xi + \eta, t = \xi - \eta$，方程式（1.6-9）进一步化为

$$w_{st} = 0, \tag{1.6-10}$$

其通解为

$$w = f(s) + g(t) = f(\xi + \eta) + g(\xi - \eta) = f(x + iy) + g(x - iy), \tag{1.6-11}$$

式中，f、g 是任意两个二阶可微函数. 那么根据叠加原理，方程式（1.6-8）的通解为

$$u(x,y) = v + w = f(x + \mathrm{i}y) + g(x - \mathrm{i}y) + \frac{1}{12}(x^4 + 2x^3y + y^4). \tag{1.6-12}$$

1.6.2　齐次化原理

齐次化原理用于解决一般非齐次发展（与时间有关的）方程的求解问题. 以理想弦的横向振动为例, 考虑在外力作用下弦的纯受迫振动

$$\begin{cases} \dfrac{\partial^2 u}{\partial t^2} = a^2 \dfrac{\partial^2 u}{\partial x^2} + f(t,x), t > 0, -\infty < x < +\infty, \\[3mm] u\mid_{t=0} = 0, \dfrac{\partial u}{\partial t}\bigg|_{t=0} = 0, \end{cases} \tag{1.6-13}$$

这里自由项 $f(t,x)$ 表示时刻 t 时在 x 处单位质量所受的外力, 而 $\dfrac{\partial u}{\partial t}$ 表示速度, $u(t,x)$ 表示由此外力从初始时刻 $t = 0$ 持续到 t 时刻作用引起的位移. 把时段 $[0,t]$ 分成若干小的时段 $\Delta t_j = t_{j+1} - t_j (j = 1,2,\cdots,l)$, 在每个小的时段 Δt_j 中, $f(t,x)$ 可以看作与 t 无关, 从而用 $f(t_j,x)$ 来表示, 由于 $f(t_j,x) = \dfrac{F(t_j,x)}{\rho}$, 而 $F(t_j,x)$ 表示外力, 所以在时段 Δt_j 中自由项所产生的速度改变量为 $f(t_j,x)\Delta t_j$. 把这个速度改变量看作是在时刻 $t = t_j$ 时的初始速度, 它所产生的振动可以由下面的齐次方程带有非齐次初始条件的初值问题来描述:

$$\begin{cases} \dfrac{\partial^2 \tilde{w}}{\partial t^2} - a^2 \dfrac{\partial^2 \tilde{w}}{\partial x^2} = 0 \quad (t > t_j), \\[3mm] t = t_j : \tilde{w} = 0, \dfrac{\partial \tilde{w}}{\partial t} = f(t_j,x)\Delta t_j \end{cases}$$

其解记为 $\tilde{w}(t,x;t_j,\Delta t_j)$. 按照叠加原理, $f(t,x)$ 所产生的总效果可以看成是无数个这种瞬时作用的叠加. 这样, 定解问题方程式（1.6-13）的解 $u(t,x)$ 应表示成

$$u(t,x) = \lim_{\Delta t_j \to 0} \sum_{j=1}^{l} \tilde{w}(t,x;t_j,\Delta t_j),$$

由于关于 $\tilde{w}$ 的定解方程为线性方程, 所以 $\tilde{w}$ 与 Δt_j 成正比, 如果记 $w(t,x;\tau)$ 为如下齐次方程的定解问题

$$\begin{cases} \dfrac{\partial^2 w}{\partial t^2} = a^2 \dfrac{\partial^2 w}{\partial x^2}, t > \tau, -\infty < x < +\infty, \\[3mm] w\bigg|_{t=\tau} = 0, \dfrac{\partial w}{\partial t}\bigg|_{t=\tau} = f(\tau,x), -\infty < x < +\infty, \end{cases} \tag{1.6-14}$$

的解, 则 $\tilde{w}(t,x;t_j,\Delta t_j) = \Delta t_j w(t,x;t_j)$, 于是定解问题方程式（1.6-13）的解可以表示为

$$u(t,x) = \lim_{\Delta t_j \to 0} \sum_{j=1}^{l} \tilde{w}(t,x;t_j,\Delta t_j) = \lim_{\Delta t_j \to 0} \sum_{j=1}^{l} w(t,x;t_j)\Delta t_j = \int_0^t w(t,x;\tau)\mathrm{d}\tau;$$ 或简单的, 由独立作用原理, $u(t,x)$ 可看成前后相继的瞬时单位时间外力作用冲量 $f(\tau,x), 0 \leqslant \tau \leqslant t$ 引起的位移 $w(t,x;\tau)$ 关于 τ 的叠加, 即 $u(t,x) = \int_0^t w(t,x;\tau)\mathrm{d}\tau$. 显然, 当 $t < \tau$ 时 $w(t,x;\tau) \equiv 0$, 当 $t > \tau$

时 τ 时刻瞬时冲量的作用已转化为从 $t = \tau - 0$ 到 $t = \tau + 0$ 动量的增加,故 $w(t,x;\tau)$ 应满足方程式(1.6-14),而方程式(1.6-13)的解为

$$u(t,x) = \int_0^t w(t,x;\tau)\,\mathrm{d}\tau. \tag{1.6-15}$$

下面从数学角度加以证明.由方程式(1.6-15)可得

$$u\big|_{t=0} = 0, \quad \frac{\partial u}{\partial t} = w(t,x;t) + \int_0^t \frac{\partial w(t,x;\tau)}{\partial t}\mathrm{d}\tau = \int_0^t \frac{\partial w(t,x;\tau)}{\partial t}\mathrm{d}\tau,$$

$$\frac{\partial u}{\partial t}\bigg|_{t=0} = 0, \quad \frac{\partial^2 u}{\partial t^2} = \frac{\partial w(t,x;\tau)}{\partial t}\bigg|_{\tau=t} + \int_0^t \frac{\partial^2 w(t,x;\tau)}{\partial t^2}\mathrm{d}\tau,$$

$$\frac{\partial^2 u}{\partial x^2} = \int_0^t \frac{\partial^2 w(t,x;\tau)}{\partial x^2}\mathrm{d}\tau.$$

故当 $w(t,x;\tau)$ 是问题方程式(1.6-14)的解时,方程式(1.6-15)给出了纯受迫振动方程式(1.6-13)的解.

将此齐次化方法推广到一般发展方程的初值问题,有如下原理:

齐次化原理　设 L 是关于 t 与 $x = (x_1, x_2, \cdots, x_n)$ 中各分量的线性偏微分算子,其中,关于 t 的最高阶导数不超过 $m - 1$ 阶.若 $w(t,x;\tau)$ 满足齐次方程初值问题

$$\begin{cases} \dfrac{\partial^m w}{\partial t^m} = Lw, & t > \tau > 0, x \in R^n \\[2mm] w_{t=\tau} = \dfrac{\partial w}{\partial t}\bigg|_{t=\tau} = \cdots = \dfrac{\partial^{m-2} w}{\partial t^{m-2}}\bigg|_{t=\tau} = 0, \\[2mm] \dfrac{\partial^{m-1} w}{\partial t^{m-1}}\bigg|_{t=\tau} = f(\tau, x), \end{cases} \tag{1.6-16}$$

则

$$u(t,x) = \int_0^t w(t,x;\tau)\,\mathrm{d}\tau \tag{1.6-17}$$

是非齐次方程初值问题

$$\begin{cases} \dfrac{\partial^m u}{\partial t^m} = Lu + f(t,x), & t > 0, x \in R^n \\[2mm] u\big|_{t=0} = \dfrac{\partial u}{\partial t}\bigg|_{t=0} = \cdots = \dfrac{\partial^{m-1} u}{\partial t^{m-1}}\bigg|_{t=0} = 0 \end{cases} \tag{1.6-18}$$

的解.

定理不难直接验证.因为初值问题是适定的,方程式(1.6-17)给出了初值问题方程式(1.6-18)的唯一解.当 $x \in V \subset R^n$,齐次化原理仍然成立,只需在方程式(1.6-16)和方程式(1.6-18)中分别增加齐次边界条件 $L_1 w\big|_{\partial V} = 0$ 和 $L_1 u\big|_{\partial V} = 0$,$L_1$ 是关于 x 的线性偏微分算子.这就是混合问题的齐次化原理.由齐次化原理,今后对线性发展方程定解问题的讨论,主要集中于齐次方程.

习题

1.验证 $u(x,t) = f(x - at) + g(x + at)$ 是方程 $u_{tt} = a^2 u_{xx}$ 的通解,式中,f,g 是任意两个二阶可微函数,a 为正值常数.

2.验证：

（1）$u(x,y) = \ln \dfrac{1}{\sqrt{(x - x_0)^2 + (y - y_0)^2}}$ 除去点 (x_0, y_0) 外满足二维拉普拉斯方程.

（2）$u(x,y) = e^{ax} \cos(ay)$,$e^{ax} \sin(ay)$,$e^{by} \cos(bx)$,$e^{by} \sin(bx)$ 满足二维拉普拉斯方程.

（3）$u(x,y,z) = \dfrac{1}{\sqrt{(x - x_0)^2 + (y - y_0)^2 + (z - z_0)^2}}$ 除去点 (x_0, y_0, z_0) 外满足三维拉普拉斯方程.

3.设 $r = \sqrt{x^2 + y^2} > 0$.若 $\Delta u + k^2 u = 0$,求 $u = u(r)$ 所满足的微分方程.

4.一根长度为 L 的弹性体,固定其一端,而另一端沿其轴线方向拉长 h 后即放手,让其作纵向微小振动,试写出定解问题.

5.长度为 L 的均匀细杆,侧面处于绝热状态,一端温度为零,另一端有恒定热源 q 进入（即单位时间内通过单位截面积流入的热量）,均匀细杆的初始温度分布为 $\dfrac{1}{2}x(L - x)$.试写出相应的定解问题.

6.设有一段长度为 L 的均匀柔软的弦作微小横向振动,其平衡位置是 x 轴的区间 $[0, L]$.让 u 表示横位移,弦的线密度为 ρ,张力为 T.在振动过程中受到一个阻力,阻力的大小与位移速度成正比,比例系数为 k.设初始位移为 $\varphi(x)$,初始速度为 0.在 $x = 0$ 端固定,在 $x = L$ 端有一个弹性支承,弹性强度为 k.试写出弦的位移 $u(x,t)$ 所满足的定解问题.

7.在 1.3.2 有毒气体扩散例子中,若考虑有特定风向情况或污染源持续扩散条件,试写出有毒气体浓度所满足的定解问题.

8.证明:若 $v(x,t)$ 和 $w(y,t)$ 分别是下列两个定解问题:

$$\begin{cases} v_t = a^2 v_{xx}, & -\infty < x < +\infty, t > 0, \\ v(x,0) = \varphi(x), & -\infty < x < +\infty, \end{cases}$$

$$\begin{cases} w_t = a^2 w_{yy}, & -\infty < y < +\infty, t > 0, \\ w(y,0) = \psi(y), & -\infty < y < +\infty, \end{cases}$$

的解,则函数 $u(x,y,t) = v(x,t)w(y,t)$ 是定解问题

$$\begin{cases} u_t = a^2(u_{xx} + u_{yy}), & -\infty < x,y < +\infty, t > 0, \\ u(x,y,0) = \varphi(x)\psi(y), & -\infty < x,y < +\infty \end{cases}$$

的解.

第 2 章　　二阶线性偏微分方程的分类

　　波动方程、热传导方程与稳态方程是三种最重要的数学物理方程.同时,它们也是不同类型的二阶线性偏微分方程的典型代表.本章将从一般的二阶线性偏微分方程入手,通过特征化方法将方程加以分类并化成标准型,这种分类能便于解上述有代表性的三类方程.

　　特征(特征线、特征曲面)的概念是偏微分方程理论中最基本、最重要的概念,它决定了方程的分类,同时对于偏微分方程定解问题的提法、解的性质以至求解方法起着重要的作用.

2.1　两个自变量的二阶线性偏微分方程的分类及标准型

2.1.1　变系数的两个自变量的二阶线性偏微分方程的分类及标准型

　　一般来说,方程所含有的自变量越多,处理起来也就越复杂.一维热传导方程、弦振动方程及二维拉普拉斯方程都是含有两个自变量的二阶线性偏微分方程.从含有两个自变量的方程入手,较容易了解一般二阶线性偏微分方程应如何分类以及各种不同类型方程的特点,也将有助于对含有多个自变量的二阶线性方程的研究.

　　一般的,含有 n 个自变量的未知函数 u 的二阶线性偏微分方程可以写成

$$\sum_{i,j=1}^{n} A_{ij}u_{x_i x_j} + \sum_{i=1}^{n} B_i u_{x_i} + Fu = G, \tag{2.1-1}$$

假设,$A_{ij}=A_{ji}$,且 A_{ij}、B_i、F 和 G 都是定义在 R^n 空间的某一区域内的实值函数.若未知函数 u 只是两个自变量 x、y 的函数,假设函数 u 及其系数都是二次连续可微的,则方程式(2.1-1)可以写成下列形式

$$Au_{xx} + Bu_{xy} + Cu_{yy} + Du_x + Eu_y + Fu = G, \tag{2.1-2}$$

式中,A、B、C、D、E、F、G 均是 x、y 的函数,且 A、B、C 不同时为零.

　　二阶方程的分类和化简是根据特征方程来进行的,建立在通过特征坐标变换把方程式(2.1-2)在一点化成标准形式或典型形式的基础上.需要特别指出的是,方程的类型一般只与其最高阶导数项有关.方程式(2.1-2)在点 (x_0,y_0) 称为双曲型、抛物型或椭圆型是根据如下方程式

$$B^2(x_0,y_0) - 4A(x_0,y_0)C(x_0,y_0) \tag{2.1-3}$$

为正、为零或为负而定的.由于 A、B、C 是 x、y 的函数,故上述分类只在某一区域才成立.如果方程在某一区域内的每点均为双曲型、抛物型或椭圆型的,那么就称方程在这区域内是双曲型、抛物型或椭圆型的.当方程在不同的区域具有不同的类型时,称之为混合型的.当 A、B、C 是常数时,方程在整个平面内类型不变.针对含有两个自变量的情况来说,在一个给定的区域内把已知方程化成标准形式的变换总是能够找到的.但是,针对含有多个自变量来说,这样的变换一般来说很难找到或是不存在的.以下针对含有两个自变量情形进行讨论.

我们要利用自变量的变换,把方程式(2.1-2)化为标准形式.设新变量是

$$\begin{cases} \xi = \xi(x,y), \\ \eta = \eta(x,y). \end{cases} \tag{2.1-4}$$

假设 ξ 和 η 都是二次连续可微的,且函数行列式

$$J = \begin{vmatrix} \xi_x & \xi_y \\ \eta_x & \eta_y \end{vmatrix} \tag{2.1-5}$$

在所考虑的区域内恒不等于零,那么 x 和 y 可由方程式(2.1-4)唯一确定.设 x 和 y 都是 ξ 和 η 的二次连续可微函数,我们有

$$\begin{cases} u_x = u_\xi \xi_x + u_\eta \eta_x, \\ u_y = u_\xi \xi_y + u_\eta \eta_y, \\ u_{xx} = u_{\xi\xi} \xi_x^2 + 2u_{\xi\eta} \xi_x \eta_x + u_{\eta\eta} \eta_x^2 + u_\xi \xi_{xx} + u_\eta \eta_{xx}, \\ u_{xy} = u_{\xi\xi} \xi_x \xi_y + u_{\xi\eta}(\xi_x \eta_y + \xi_y \eta_x) + u_{\eta\eta} \eta_x \eta_y + u_\xi \xi_{xy} + u_\eta \eta_{xy}, \\ u_{yy} = u_{\xi\xi} \xi_y^2 + 2u_{\xi\eta} \xi_y \eta_y + u_{\eta\eta} \eta_y^2 + u_\xi \xi_{yy} + u_\eta \eta_{yy}. \end{cases} \tag{2.1-6}$$

将上面这些偏导数的值代入方程式(2.1-2),得到

$$A^* u_{\xi\xi} + B^* u_{\xi\eta} + C^* u_{\eta\eta} + D^* u_\xi + E^* u_\eta + F^* u = G^*, \tag{2.1-7}$$

式中,

$$\begin{cases} A^* = A\xi_x^2 + B\xi_x \xi_y + C\xi_y^2, \\ B^* = 2A\xi_x \eta_x + B(\xi_x \eta_y + \xi_y \eta_x) + 2C\xi_y \eta_y, \\ C^* = A\eta_x^2 + B\eta_x \eta_y + C\eta_y^2, \\ D^* = A\xi_{xx} + B\xi_{xy} + C\xi_{yy} + D\xi_x + E\xi_y, \\ E^* = A\eta_{xx} + B\eta_{xy} + C\eta_{yy} + D\eta_x + E\eta_y, \\ F^* = F, \\ G^* = G. \end{cases} \tag{2.1-8}$$

经过一般变换方程式(2.1-4)所产生的方程式(2.1-7)与方程式(2.1-2)具有相同的形式.如果函数行列式不等于零,那么经过这样的变换后,方程所属的类型仍保持不变.这个结论可以从判别式的符号在变换下是不变的这一事实中看出,即

$$B^{*2} - 4A^* C^* = J^2(B^2 - 4AC). \tag{2.1-9}$$

值得注意的是方程在区域内不同的点上,可以属于不同的类型.本书只考虑方程在给定的区域内属于同一类型的情况.

由于方程式(2.1-2)的分类将依赖于系数 $A(x,y)$、$B(x,y)$ 和 $C(x,y)$ 在已知点 (x,y) 的值,因此,可将方程式(2.1-2) 改写为

$$Au_{xx} + Bu_{xy} + Cu_{yy} = H, \tag{2.1-10}$$

式中,$H = H(x,y,u,u_x,u_y)$,而方程式(2.1-7) 改写为

$$A^* u_{\xi\xi} + B^* u_{\xi\eta} + C^* u_{\eta\eta} = H^*, \tag{2.1-11}$$

式中,$H^* = H^*(\xi,\eta,u,u_\xi,u_\eta)$.

下面,我们将考虑化方程式(2.1-10) 为标准形式的问题.

首先,假定 A、B、C 不为零.设 ξ 和 η 是新变量,使得方程式(2.1-11) 中的系数 A^* 和 C^* 都等于零,既

$$A^* = A\xi_x^2 + B\xi_x\xi_y + C\xi_y^2 \equiv 0$$

和

$$C^* = A\eta_x^2 + B\eta_x\eta_y + C\eta_y^2 \equiv 0.$$

这两个方程的形式是相同的,因此,可以把它们写成

$$A\zeta_x^2 + B\zeta_x\zeta_y + C\zeta_y^2 \equiv 0, \tag{2.1-12}$$

式中,ζ 代表 ξ 或 η 中的任何一个.方程式(2.1-12) 中各项除以 ζ_y^2,变成

$$A\left(\frac{\zeta_x}{\zeta_y}\right)^2 + B\left(\frac{\zeta_x}{\zeta_y}\right) + C \equiv 0. \tag{2.1-13}$$

沿着曲线 $\zeta =$ 常数,有

$$\mathrm{d}\zeta = \zeta_x\mathrm{d}x + \zeta_y\mathrm{d}y = 0,$$

即

$$\frac{\mathrm{d}y}{\mathrm{d}x} = -\frac{\zeta_x}{\zeta_y}. \tag{2.1-14}$$

因此,方程式(2.1-13) 可写成

$$Ay_x^2 - By_x + C = 0, \tag{2.1-15}$$

它的根是

$$y_x = \left(B + \sqrt{B^2 - 4AC}\right)/2A \tag{2.1-16}$$

和

$$y_x = \left(B - \sqrt{B^2 - 4AC}\right)/2A. \tag{2.1-17}$$

方程式(2.1-15)或(2.1-16)和(2.1-17)称为特征方程,它们沿着 xoy 平面上的两族曲线 $\xi =$ 常数和 $\eta =$ 常数都是常微分方程.方程式(2.1-16) 和(2.1-17) 的解或积分称为特征线.因为这些方程都是一阶常微分方程,所以每个解含有一个任意常数.我们取 ξ 是这些常数中的任一个值,而 η 是另一个值.这里,应注意曲线 $\xi =$ 常数和 $\eta =$ 常数在 $\xi o\eta$ 坐标系中表示平行于坐标轴的直线.

(1) 双曲型

如果 $B^2 - 4AC > 0$,那么方程式(2.1-16)和(2.1-17)的积分曲线为两族不相同的实特征线.方程式(2.1-11) 简化为

$$u_{\xi\eta} = H_1,\qquad\qquad(2.1\text{-}18)$$

式中，$H_1 = H^*/B^*$．容易证明 $B^* \neq 0$．这种形式称为双曲型方程的第一标准形式．

如果再引入新自变量

$$\begin{cases}\alpha = \xi + \eta,\\ \beta = \xi - \eta,\end{cases}\qquad\qquad(2.1\text{-}19)$$

方程式(2.1-18)可化为

$$u_{\alpha\alpha} - u_{\beta\beta} = H_2(\alpha,\beta,u,u_\alpha,u_\beta).\qquad\qquad(2.1\text{-}20)$$

这种形式称为双曲型方程的第二标准形式．

（2）抛物型

在这种情况下，有 $B^2 - 4AC = 0$．因此，方程式(2.1-16)和(2.1-17)完全相同．于是存在一族实特征线，得到一个积分 $\xi = $ 常数（或 $\eta = $ 常数）．

因为 $B^2 = 4AC$ 和 $A^* = 0$，我们可得到

$$A^* = A\xi_x^2 + B\xi_x\xi_y + C\xi_y^2 = \left(\sqrt{A}\,\xi_x + \sqrt{C}\,\xi_y\right)^2 = 0,$$

由此可得

$$B^* = 2A\xi_x\eta_x + B(\xi_x\eta_y + \xi_y\eta_x) + 2C\xi_y\eta_y$$
$$= 2\left(\sqrt{A}\,\xi_x + \sqrt{C}\,\xi_y\right)\left(\sqrt{A}\,\eta_x + \sqrt{C}\,\eta_y\right) = 0,$$

式中，函数 $\eta(x,y)$ 是任选的，只要它与 $\xi(x,y)$ 是线性无关的；例如，取 $\eta = y$，函数行列式 J 在抛物型区域内就不等于零．

注意到 $C^* \neq 0$，以 C^* 除方程式(2.1-11)两端，得

$$u_{\eta\eta} = H_3(\xi,\eta,u,u_\xi,u_\eta).\qquad\qquad(2.1\text{-}21)$$

上述形式称为抛物型方程的标准形式．

如果选 $\eta = $ 常数作为方程式(2.1-16)的积分，那么方程式(2.1-11)也可取下列形式

$$u_{\xi\xi} = H_3^*(\xi,\eta,u,u_\xi,u_\eta).\qquad\qquad(2.1\text{-}22)$$

（3）椭圆型

对于椭圆型方程来说，有 $B^2 - 4AC < 0$．因而二次方程式(2.1-15)无实值解，但有两个复共轭解，它们是实变量 x 和 y 的复值函数．于是在这种情况下，没有实特征线．然而，如果系数 A、B 和 C 都是 x 与 y 的解析函数，那么方程式(2.1-15)为复变量 x 和 y 的方程．

由于 ξ 和 η 都是复变量，我们引入新的实变量

$$\begin{cases}\alpha = \dfrac{1}{2}(\xi + \eta),\\[2mm] \beta = \dfrac{1}{2i}(\xi - \eta),\end{cases}\qquad\qquad(2.1\text{-}23)$$

可得

$$\begin{cases}\xi = \alpha + i\beta,\\ \eta = \alpha - i\beta.\end{cases}\qquad\qquad(2.1\text{-}24)$$

首先，变换方程式(2.1-10)，可得

$$A^{**}(\alpha,\beta)u_{\alpha\alpha} + B^{**}(\alpha,\beta)u_{\alpha\beta} + C^{**}(\alpha,\beta)u_{\beta\beta} = H_4(\alpha,\beta,u,u_\alpha,u_\beta).\quad(2.1\text{-}25)$$

式中的系数与方程式(2.1-11)的系数取得相同的形式.利用变换方程式(2.1-24),等式
$$A^* = C^* = 0$$
变为
$$(A\alpha_x^2 + B\alpha_x\alpha_y + C\alpha_y^2) - (A\beta_x^2 + B\beta_x\beta_y + C\beta_y^2)$$
$$+ i[2A\alpha_x\beta_x + B(\alpha_x\beta_y + \alpha_y\beta_x) + 2C\alpha_y\beta_x] = 0,$$
$$(A\alpha_x^2 + B\alpha_x\alpha_y + C\alpha_y^2) - (A\beta_x^2 + B\beta_x\beta_y + C\beta_y^2)$$
$$- i[2A\alpha_x\beta_x + B(\alpha_x\beta_y + \alpha_y\beta_x) + 2C\alpha_y\beta_x] = 0,$$
即
$$\begin{cases} (A^{**} - C^{**}) + iB^{**} = 0, \\ (A^{**} - C^{**}) - iB^{**} = 0. \end{cases}$$
要使上面两个等式成立,当且仅当 $A^{**} = C^{**}$ 且 $B^{**} = 0$.因此,方程式(2.1-24)化为
$$A^{**}u_{\alpha\alpha} + A^{**}u_{\beta\beta} = H_4(\alpha, \beta, u, u_\alpha, u_\beta).$$
把上式除以 A^{**},得
$$u_{\alpha\alpha} + u_{\beta\beta} = H_5(\alpha, \beta, u, u_\alpha, u_\beta), \qquad (2.1\text{-}26)$$
式中,$H_5 = H_4/A^*$.

这种形式称为椭圆型方程的标准形式.

例 2.1-1　判断方程 $y^2 u_{xx} - x^2 u_{yy} = 0$ 的类型,并将其化为标准型.

解　令 $A = y^2, B = 0, C = -x^2$.于是判别式
$$B^2 - 4AC = 4x^2y^2 > 0, (x \neq 0, y \neq 0).$$
所以,方程除了在坐标轴 $x = 0$ 和 $y = 0$ 上外,处处是双曲型的.将系数带入特征方程
$$Ay_x^2 - By_x + C = 0$$
或
$$y_x = (B + \sqrt{B^2 - 4AC})/2A$$
和
$$y_x = (B - \sqrt{B^2 - 4AC})/2A,$$
可得
$$\frac{\mathrm{d}y}{\mathrm{d}x} = \frac{x}{y}$$
和
$$\frac{\mathrm{d}y}{\mathrm{d}x} = -\frac{x}{y}.$$
对上面两个方程求积分后,得到
$$\frac{1}{2}y^2 - \frac{1}{2}x^2 = c_1$$
和
$$\frac{1}{2}y^2 + \frac{1}{2}x^2 = c_2.$$

于是，第一族特征线是一族双曲线

$$\frac{1}{2}y^2 - \frac{1}{2}x^2 = c_1,$$

第二族特征线是一族圆

$$\frac{1}{2}y^2 + \frac{1}{2}x^2 = c_2.$$

为了把原方程化为标准形式，引入变换

$$\begin{cases} \xi = \dfrac{1}{2}y^2 - \dfrac{1}{2}x^2, \\ \eta = \dfrac{1}{2}y^2 + \dfrac{1}{2}x^2. \end{cases}$$

利用方程式（2.1-6）得

$$u_x = u_\xi \xi_x + u_\eta \eta_x = -xu_\xi + xu_\eta,$$

$$u_y = u_\xi \xi_y + u_\eta \eta_y = yu_\xi + yu_\eta,$$

$$u_{xx} = u_{\xi\xi}\xi_x^2 + 2u_{\xi\eta}\xi_x\eta_x + u_{\eta\eta}\eta_x^2 + u_\xi\xi_{xx} + u_\eta\eta_{xx}$$

$$= x^2 u_{\xi\xi} - 2x^2 u_{\xi\eta} + x^2 u_{\eta\eta} - u_\xi + u_\eta,$$

$$u_{yy} = u_{\xi\xi}\xi_y^2 + 2u_{\xi\eta}\xi_y\eta_y + u_{\eta\eta}\eta_y^2 + u_\xi\xi_{yy} + u_\eta\eta_{yy}$$

$$= y^2 u_{\xi\xi} + 2y^2 u_{\xi\eta} + y^2 u_{\eta\eta} + u_\xi + u_\eta.$$

将上述关系式带入原方程，整理得第一标准形式

$$u_{\xi\eta} = \frac{\eta}{2(\xi^2 - \eta^2)}u_\xi - \frac{\xi}{2(\xi^2 - \eta^2)}u_\eta.$$

例 2.1-2　判断偏微分方程 $x^2 u_{xx} + 2xy u_{xy} + y^2 u_{yy} = 0$ 的类型，并将其化为标准型.

解　判别式 $B^2 - 4AC = 4x^2 y^2 - 4x^2 y^2 = 0$. 因此，方程是抛物型的.
对应的特征方程是

$$\frac{\mathrm{d}y}{\mathrm{d}x} = \frac{y}{x},$$

所以特征线族是

$$\frac{y}{x} = c,$$

这是一族直线的方程. 考虑变换

$$\begin{cases} \xi = \dfrac{y}{x}, \\ \eta = y, \end{cases}$$

式中，η 是任意选择的. 通过计算得原方程的标准型 $y^2 u_{\eta\eta} = 0$，即

$$u_{\eta\eta} = 0 \ (y \neq 0).$$

例 2.1-3　判断方程 $u_{xx} + x^2 u_{yy} = 0$ 的类型，并将其化成标准型.

解　因为，$B^2 - 4AC = -4x^2 < 0 \, (x \neq 0)$，所以，除坐标轴 $x = 0$ 外，方程是椭圆型.

它的特征方程是

$$\frac{\mathrm{d}y}{\mathrm{d}x} = \mathrm{i}x$$

和

$$\frac{\mathrm{d}y}{\mathrm{d}x} = -\mathrm{i}x.$$

积分可得

$$2y - \mathrm{i}x^2 = c_1$$

和

$$2y + \mathrm{i}x^2 = c_2.$$

因而,如果设

$$\begin{cases} \xi = 2y - \mathrm{i}x^2, \\ \eta = 2y + \mathrm{i}x^2, \end{cases}$$

进一步假设

$$\begin{cases} \alpha = \dfrac{1}{2}(\xi + \eta) = 2y, \\ \beta = \dfrac{1}{2\mathrm{i}}(\xi - \eta) = -x^2, \end{cases}$$

那么通过计算得到标准形式

$$u_{\alpha\alpha} + u_{\beta\beta} = -\frac{1}{2\beta}u_\beta.$$

值给定的偏微分方程在不同的区域内,可以属于不同的类型.例如,特里科米方程

$$u_{xx} + xu_{yy} = 0 \tag{2.1-27}$$

因为,$B^2 - 4AC = -4x$,所以,在 $x > 0$ 内该方程是椭圆型的,在 $x < 0$ 内是双曲型的.

2.1.2　常系数二阶线性偏微分方程的标准形式

就一个实常系数的二阶线性偏微分方程来说,方程在区域内的所有点上属于同一类型,这是因为判别式 $B^2 - 4AC$ 是常数.从特征方程

$$\begin{cases} \dfrac{\mathrm{d}y}{\mathrm{d}x} = (B + \sqrt{B^2 - 4AC})/2A, \\ \dfrac{\mathrm{d}y}{\mathrm{d}x} = (B - \sqrt{B^2 - 4AC})/2A, \end{cases} \tag{2.1-28}$$

得到特征线族

$$\begin{cases} y = \left(\dfrac{B + \sqrt{B^2 - 4AC}}{2A}\right)x + C_1, \\ y = \left(\dfrac{B - \sqrt{B^2 - 4AC}}{2A}\right)x + C_2, \end{cases} \tag{2.1-29}$$

是两族直线.所以,特征坐标具有下列形式

$$\begin{cases} \xi = y - \lambda_1 x, \\ \eta = y - \lambda_2 x, \end{cases} \tag{2.1-30}$$

式中,

$$\lambda_{1,2} = \frac{B \pm \sqrt{B^2 - 4AC}}{2A}. \tag{2.1-31}$$

设常系数二阶线性偏微分方程为

$$Au_{xx} + Bu_{xy} + Cu_{yy} + Du_x + Eu_y + Fu = G(x,y). \tag{2.1-32}$$

（1）双曲型方程

当 $B^2 - 4AC > 0$ 时,方程是双曲型的.在这种情况下,方程有两族不同的特征线.因为在 $\xi o \eta$ 坐标系中, $\xi = C_1$ 和 $\eta = C_2$ 是平行于坐标轴的两族直线,所以,变换方程式(2.1-30) 将特征线族方程式(2.1-29) 映射为 $\xi o \eta$ 坐标系的坐标线族.经过此变换后,方程式(2.1-32) 变为

$$u_{\xi\eta} = D_1 u_\xi + E_1 u_\eta + F_1 u + G_1(\xi,\eta), \tag{2.1-33}$$

式中, D_1 、 E_1 和 F_1 都是常数.因为系数都是常数,所以低阶项都可用显式表示出来.

当 $A = 0$ 时,方程式(2.1-28) 不成立.在这种情况下,特征方程可以取下列形式

$$- B(\mathrm{d}x/\mathrm{d}y) + C(\mathrm{d}x/\mathrm{d}y)^2 = 0,$$

它又可以改写为

$$\mathrm{d}x/\mathrm{d}y = 0$$

和

$$- B + C(\mathrm{d}x/\mathrm{d}y) = 0.$$

对上式积分得到

$$x = C_1$$

和

$$x = (B/C)y + C_2,$$

式中, C_1 和 C_2 都是积分常数.于是,特征坐标是

$$\begin{cases} \xi = x, \\ \eta = x - (B/C)y. \end{cases} \tag{2.1-34}$$

经过此变换后,方程式(2.1-32) 可化为标准形式

$$u_{\xi\eta} = D_1^* u_\xi + E_1^* u_\eta + F_1^* u + G_1^*(\xi,\eta), \tag{2.1-35}$$

式中, D_1^* 、 E_1^* 和 F_1^* 都是常数.

（2）抛物型方程

当 $B^2 - 4AC = 0$ 时,方程是抛物型的.在这种情况下,只存在一族实特征线.由方程式(2.1-31) 得

$$\lambda_1 = \lambda_2 = (B/2A),$$

因此,这族特征线是

$$y = (B/2A)x + C_1,$$

式中, C_1 是积分常数.于是得到

$$\begin{cases} \xi = y - (B/2A)x, \\ \eta = hy + kx, \end{cases} \tag{2.1-36}$$

式中, η 使得变换的行列式不等于零的任意数, 且 h 和 k 都是常数.

在变换方程式(2.1-36) 中适当选择常数 h 和 k, 方程式(2.1-32) 可化为

$$u_{\eta\eta} = D_2 u_\xi + E_2 u_\eta + F_2 u + G_2(\xi, \eta), \tag{2.1-37}$$

式中, D_2, E_2 和 F_2 都是常数.

如果 $B = 0$, 由关系式

$$B^2 - 4AC = 0$$

得出 A 或 C 等于零. 这时原方程本身已经具有标准形式, 同理, 在 A 或 C 等于零的情况下, 可得 B 等于零. 原方程也已为标准形式.

(3) 椭圆型方程

当 $B^2 - 4AC < 0$ 时, 方程是椭圆型的, 在这种情况下, 两族特征线是复共轭形式的. 由特征方程可得

$$\begin{cases} y = \lambda_1 x + C_1, \\ y = \lambda_2 x + C_2, \end{cases} \tag{2.1-38}$$

式中, λ_1 和 λ_2 都是复数. 因此, C_1 和 C_2 允许取复值. 于是得到

$$\begin{cases} \xi = y - (a + \mathrm{i}b)x, \\ \eta = y - (a - \mathrm{i}b)x, \end{cases} \tag{2.1-39}$$

式中, $\lambda_{1,2} = a \pm \mathrm{i}b$, a 和 b 都是实常数, 且 $a = B/2A$, $b = \sqrt{4AC - B^2}/2A$.

引入新变量

$$\begin{cases} \alpha = \dfrac{1}{2}(\xi + \eta) = y - ax, \\ \beta = \dfrac{1}{2\mathrm{i}}(\xi - \eta) = -bx. \end{cases} \tag{2.1-40}$$

用这个变换可把方程式(2.1-32) 化为标准形式

$$u_{\alpha\alpha} + u_{\beta\beta} = D_3 u_\alpha + E_3 u_\beta + F_3 u + G_3(\alpha, \beta), \tag{2.1-41}$$

式中, D_3, E_3 和 F_3 都是常数.

我们注意到, 因为 $B^2 - 4AC < 0$, 所以 A 或 C 都不能是零.

例 2.1-4　判断方程 $4u_{xx} + 5u_{xy} + u_{yy} + u_x + u_y = 2$ 的类型, 并将其化为标准型.

解　因为 $A = 4, B = 5, C = 1$, 所以 $B^2 - 4AC = 9 > 0$, 因此, 方程是双曲型的. 其对应的特征方程为

$$\frac{\mathrm{d}y}{\mathrm{d}x} = 1$$

和

$$\frac{\mathrm{d}y}{\mathrm{d}x} = \frac{1}{4},$$

因此, 特征线族是

$$y = x + C_1$$

和

$$y = (x/4) + C_2.$$

所以，做变换

$$\begin{cases} \xi = y - x, \\ \eta = y - (x/4), \end{cases}$$

经过计算，能把原方程化为第一标准形式

$$u_{\xi\eta} = \frac{1}{3}u_\eta - \frac{8}{9}.$$

再做变换

$$\begin{cases} \alpha = \xi + \eta, \\ \beta = \xi - \eta, \end{cases}$$

可以得到第二标准形式

$$u_{\alpha\alpha} + u_{\beta\beta} = \frac{1}{3}u_\alpha - \frac{1}{3}u_\beta - \frac{8}{9}.$$

例 2.1-5 判断方程 $u_{xx} - 4u_{xy} + 4u_{yy} = e^y$ 的类型，并将其化为标准型.

解 因为，$A = 1, B = -4, C = 4$，于是，$B^2 - 4AC = 0$，因此，方程是抛物型的. 根据其对应的特征方程，得变换

$$\xi = y + 2x,$$

取

$$\eta = y,$$

式中，η 是任意选择的，经计算得原方程的标准形式

$$u_{\eta\eta} = \frac{1}{4}e^\eta.$$

例 2.1-6 判断方程 $u_{xx} + u_{xy} + u_{yy} + u_x = 0$ 的类型，并将其化为标准型.

解 因为，$A = 1, B = 1, C = 1$，所以，$B^2 - 4AC = -3 < 0$，因此，方程是椭圆型的. 我们有

$$\lambda_{1,2} = \frac{B \pm \sqrt{B^2 - 4AC}}{2A} = \frac{1}{2} \pm i\frac{\sqrt{3}}{2}$$

和

$$\begin{cases} \xi = y - \left(\frac{1}{2} + i\frac{\sqrt{3}}{2}\right)x, \\ \eta = y - \left(\frac{1}{2} - i\frac{\sqrt{3}}{2}\right)x. \end{cases}$$

引入新变量

$$\begin{cases} \alpha = \dfrac{1}{2}(\xi + \eta) = y - \dfrac{1}{2}x, \\[3mm] \beta = \dfrac{1}{2i}(\xi - \eta) = -\dfrac{\sqrt{3}}{2}x, \end{cases}$$

可得原方程的标准形式

$$u_{\alpha\alpha} + u_{\beta\beta} = \frac{2}{3}u_\alpha + \frac{2}{\sqrt{3}}u_\beta.$$

2.2　多个自变量的二阶线性偏微分方程的分类及标准型

考虑 n 个自变量 $x_1, x_2, \cdots, x_n$ 的二阶线性偏微分方程

$$\sum_{i,j=1}^{n} a_{ij}(x)\frac{\partial^2 u}{\partial x_i \partial x_j} + \sum_{i=1}^{n} b_i(x)\frac{\partial u}{\partial x_i} + c(x)u + f(x) = 0 \tag{2.2-1}$$

的分类与简化问题,式中,$x = (x_1, x_2, \cdots, x_n)$、$a_{ij}$、$b_i$、$c$ 和 $f(x)$ 是 n 维空间某区域 Ω 上的适当光滑的函数,并且 $a_{ij}(x) = a_{ji}(x)$ 不全为零.此时,一般不能像两个自变量情形那样将方程式 (2.2-1) 在一个区域 Ω 内化成标准形式,但仍然可以把方程化为若干种类型.

类似于两个自变量的情形,作自变量的非奇异变换

$$\begin{cases} \xi_1 = \varphi_1(x_1, x_2, \cdots, x_n), \\ \xi_2 = \varphi_2(x_1, x_2, \cdots, x_n), \\ \qquad\qquad \vdots \\ \xi_n = \varphi_n(x_1, x_2, \cdots, x_n). \end{cases} \tag{2.2-2}$$

记变换的 Jacobi 的矩阵为

$$\frac{\partial(\varphi_1, \varphi_2, \cdots, \varphi_n)}{\partial(x_1, x_2, \cdots, x_n)} = \begin{pmatrix} \dfrac{\partial\varphi_1}{\partial x_1} & \dfrac{\partial\varphi_1}{\partial x_2} & \cdots & \dfrac{\partial\varphi_1}{\partial x_n} \\[3mm] \dfrac{\partial\varphi_2}{\partial x_1} & \dfrac{\partial\varphi_2}{\partial x_2} & \cdots & \dfrac{\partial\varphi_2}{\partial x_n} \\[1mm] \vdots & \vdots & & \vdots \\[1mm] \dfrac{\partial\varphi_n}{\partial x_1} & \dfrac{\partial\varphi_n}{\partial x_2} & \cdots & \dfrac{\partial\varphi_n}{\partial x_n} \end{pmatrix}, \tag{2.2-3}$$

其行列式不为零,并记 J 在新的自变量 $\xi = (\xi_1, \xi_2, \cdots, \xi_n)$ 下,方程式 (2.1-12) 变为

$$\sum_{i,j=1}^{n} A_{ij}\frac{\partial^2 u}{\partial \xi_i \partial \xi_j} + \sum_{i=1}^{n} B_i\frac{\partial u}{\partial \xi_i} + Cu + F = 0. \tag{2.2-4}$$

式中,

$$A_{ij}(\xi) = A_{ji}(\xi) = \sum_{k,l=1}^{n} a_{ij}\frac{\partial \xi_i}{\partial x_k}\frac{\partial \xi_j}{\partial x_l}. \tag{2.2-5}$$

方程式 (2.2-5) 中的系数 A_{ij} 可用矩阵表示为

$$(A_{ij})_{n\times n} = \frac{\partial(\varphi_1, \varphi_2, \cdots, \varphi_n)}{\partial(x_1, x_2, \cdots, x_n)} A \left[\frac{\partial(\varphi_1, \varphi_2, \cdots, \varphi_n)}{\partial(x_1, x_2, \cdots, x_n)}\right]^{\mathrm{T}}. \tag{2.2-6}$$

回顾 2.1 中两个自变量情形下的分类情况.

(1) $\Delta = a_{12}^2 - a_{11}a_{22} > 0$,等价于二阶矩阵 $\boldsymbol{P} = (a_{ij})_{2\times 2}$ 的两个特征值 λ_1、λ_2 不等于零且异号,换句话说它是非奇异且是不定的,即 $Q(\lambda_1, \lambda_2)$ 是非退化且不定的二次型,此时方程是双曲型.

(2) $\Delta = a_{12}^2 - a_{11}a_{22} = 0$,等价于二阶矩阵 $\boldsymbol{P} = (a_{ij})_{2\times 2}$ 的两个特征值 λ_1、λ_2 有一个等于零,换句话说它是奇异矩阵,即 $Q(\lambda_1, \lambda_2)$ 是退化二次型,此时方程是抛物型.

(3) $\Delta = a_{12}^2 - a_{11}a_{22} < 0$,等价于二阶矩阵 $\boldsymbol{P} = (a_{ij})_{2\times 2}$ 的两个特征值 λ_1、λ_2 不等于零且同号,换句话说二阶矩阵 $\boldsymbol{P} = (a_{ij})_{2\times 2}$ $(a_{ij})_{2\times 2}$ 是正定的或负定的,即 $Q(\lambda_1, \lambda_2)$ 是正定或负定二次型,此时方程是椭圆型.

类似地,将根据方程式 (2.2-1) 二阶偏导数项的系数组成的 n 阶对称矩阵 $\boldsymbol{A} = (a_{ij})_{n\times n}$ 在非奇异线性变换下不变的性质对方程式 (2.2-1) 进行分类,即根据二次型

$$Q(\lambda) = Q(\lambda_1, \lambda_2, \cdots, \lambda_n) = \sum_{i,j=1}^{n} a_{ij} \lambda_i \lambda_j \tag{2.2-7}$$

在非奇异线性变换下不变的性质来进行分类.

对 n 个自变量的情形:

(1) 若二次型 $Q(\lambda_1, \lambda_2, \cdots, \lambda_n)$ 在点 $x^0 = (x_1^0, x_2^0, \cdots, x_n^0)$ 处为非退化且不定 $\{$矩阵 $[a_{ij}(x^0)]_{n\times n}$ 的特征值全不为零且不同号$\}$,则称方程式 (2.2-1) 在点 x^0 为超双曲型 (ultrahyperbolic) 的.特别地,若此时二次型 $Q(\lambda_1, \lambda_2, \cdots, \lambda_n)$ 的正惯性指数或负惯性指数为 $n-1$,则称方程式 (2.2-1) 在此点为双曲型的.

(2) 若二次型 $Q(\lambda_1, \lambda_2, \cdots, \lambda_n)$ 在点 $x^0 = (x_1^0, x_2^0, \cdots, x_n^0)$ 处为退化二次型 $\{$即矩阵 $[a_{ij}(x^0)]_{n\times n}$ 至少有一个特征值为零$\}$,则称方程式 (2.2-1) 在点 x^0 为超抛物型的.特别地,若此时二次型 $Q(\lambda_1, \lambda_2, \cdots, \lambda_n)$ 的正惯性指数或负惯性指数为 $n-1$,则称方程式 (2.2-1) 在此点为抛物型的.

(3) 若二次型 $Q(\lambda_1, \lambda_2, \cdots, \lambda_n)$ 在点 $x^0 = (x_1^0, x_2^0, \cdots, x_n^0)$ 处为正定或负定 $\{$即矩阵 $[a_{ij}(x^0)]_{n\times n}$ 的特征值的符号完全相同$\}$,则称方程式 (2.2-1) 在点 x^0 为椭圆型的.与两个自变量的情形相类似,可以给出方程式 (2.2-1) 在某区域 Ω 中为椭圆型、双曲型、抛物型和超双曲型等的各种定义.

需要说明的是,在 n 个自变量情形下,要找一个适当的变换方程式 (2.2-2) 把方程式 (2.2-1) 化为标准型式一般是困难的.以下仅为对常系数的 n 个自变量的二阶线性方程式 (2.2-1) 进行化简.

设方程式 (2.2-1) 中的系数 a_{ij}、b_j、c 为常数.此时,$\boldsymbol{A} = (a_{ij})_{n\times n}$ 是一个 n 阶实对称非零的矩阵.由线性代数知识知道,必存在非奇异矩阵 $\boldsymbol{B} = (b_{ij})_{n\times n}$,使得

$$(A_{ij})_{n\times n} = \boldsymbol{B}\boldsymbol{A}\boldsymbol{B}^{\mathrm{T}} = \begin{pmatrix} i_1 & 0 & \cdots & 0 \\ 0 & i_2 & \cdots & 0 \\ \vdots & \vdots & & \vdots \\ 0 & 0 & \cdots & i_n \end{pmatrix},$$

式中，$i_k \in \{-1,0,1\}, k \in \{1,2,\cdots,n\}$. 设集合 $\{i_1,i_2,\cdots,i_n\}$ 中 1 的个数为 p（称为正惯性指数），-1 的个数为 q（称为负惯性指数），因此，上述矩阵对角线零的个数是 $n-p-q \geq 0$. 根据定义，我们有

（1）如果 $p>0, q>0, p+q=n$，则常系数偏微分方程式（2.2-1）是超双曲型的. 特别地，当 $(p,q)=(n-1,1)$ 或者 $(p,q)=(1,n-1)$ 时，方程式（2.2-1）是双曲型的.

（2）如果 $p>0, q>0, p+q<n$，则常系数偏微分方程式（2.2-1）是超抛物型的. 特别地，当 $(p,q)=(n-1,0)$ 或者 $(p,q)=(0,n-1)$ 时，方程式（2.2-1）是抛物型的.

（3）如果 $(p,q)=(n,0)$ 或者 $(p,q)=(0,n)$ 时，则常系数偏微分方程式（2.2-1）是椭圆型的.

作自变量的非奇异线性变换

$$\begin{cases} \xi_1 = b_{11}x_1 + b_{12}x_2 + \cdots + b_{1n}x_n, \\ \xi_2 = b_{21}x_1 + b_{22}x_2 + \cdots + b_{2n}x_n, \\ \qquad\qquad \vdots \qquad\qquad \vdots \\ \xi_n = b_{n1}x_1 + b_{n2}x_2 + \cdots + b_{nn}x_n. \end{cases}$$

这样方程式（2.2-1）就可以化为标准形式

$$\sum_{i=1}^{p} \frac{\partial^2 u}{\partial \xi_i^2} - \sum_{j=p+1}^{p+q} \frac{\partial^2 u}{\partial \xi_j^2} + \sum_{i=1}^{n} B_i \frac{\partial u}{\partial \xi_i} + C_1 u + F = 0. \tag{2.2-8}$$

特别地，当 $p=1, q=n-1$ 时，得双曲型方程标准形式

$$\frac{\partial^2 u}{\partial \xi_1^2} - \sum_{j=2}^{n} \frac{\partial^2 u}{\partial \xi_j^2} + \sum_{i=1}^{n} B_i \frac{\partial u}{\partial \xi_i} + C_1 u + F = 0. \tag{2.2-9}$$

当 $p=n-1, q=0$ 时，得抛物型方程标准形式

$$\sum_{i=1}^{n-1} \frac{\partial^2 u}{\partial \xi_i^2} + \sum_{i=1}^{n} B_i \frac{\partial u}{\partial \xi_i} + C_2 u + F = 0. \tag{2.2-10}$$

当 $p=n, q=0$ 时，得椭圆型方程标准形式

$$\sum_{i=1}^{n} \frac{\partial^2 u}{\partial \xi_i^2} + \sum_{i=1}^{n} B_i \frac{\partial u}{\partial \xi_i} + C_3 u + F = 0. \tag{2.2-11}$$

例 2.2-1　确定下列方程的标准型：

（1）$u_{xx} + 2u_{xy} - 2u_{xz} + 2u_{yy} + 6u_{zz} = 0$；

（2）$4u_{xx} - 4u_{xy} - 2u_{yz} + u_y + u_z = 0$.

解　（1）方程对应的系数矩阵是

$$A = \begin{pmatrix} 1 & 1 & -1 \\ 1 & 2 & 0 \\ -1 & 0 & 6 \end{pmatrix}.$$

利用线性代数把对称矩阵化为对角型的方法，选取

$$B = \begin{pmatrix} 1 & 0 & 0 \\ -1 & 1 & 0 \\ 1 & -\dfrac{1}{2} & \dfrac{1}{2} \end{pmatrix},$$

则 $\boldsymbol{BAB}^\mathrm{T} = \boldsymbol{E}$,这里 $\boldsymbol{E}$ 为三阶单位阵.令

$$\begin{pmatrix} \xi \\ \eta \\ \zeta \end{pmatrix} = \boldsymbol{B} \begin{pmatrix} x \\ y \\ z \end{pmatrix} = \begin{pmatrix} x \\ y - x \\ x - \dfrac{y}{2} + \dfrac{z}{2} \end{pmatrix}.$$

则给定的方程简化为

$$u_{\xi\xi} + u_{\eta\eta} + u_{\zeta\zeta} = 0.$$

（2）方程对应的系数矩阵是

$$\boldsymbol{A} = \begin{pmatrix} 4 & -2 & 0 \\ -2 & 0 & -1 \\ 0 & -1 & 0 \end{pmatrix}.$$

因为

$$\boldsymbol{BAB}^\mathrm{T} = \begin{pmatrix} 1 & 0 & 0 \\ 0 & -1 & 0 \\ 0 & 0 & 1 \end{pmatrix},$$

式中,

$$\boldsymbol{B} = \begin{pmatrix} \dfrac{1}{2} & 0 & 0 \\ \dfrac{1}{2} & 1 & 0 \\ -\dfrac{1}{2} & -1 & 1 \end{pmatrix},$$

所以,取

$$\begin{pmatrix} \xi \\ \eta \\ \zeta \end{pmatrix} = \boldsymbol{B} \begin{pmatrix} x \\ y \\ z \end{pmatrix} = \begin{pmatrix} \dfrac{x}{2} \\ \dfrac{x}{2} + y \\ -\dfrac{x}{2} - y + z \end{pmatrix}.$$

则给定的方程化简为

$$u_{\xi\xi} - u_{\eta\eta} + u_{\zeta\zeta} + u_{\eta} = 0.$$

2.3　二阶线性偏微分方程的通解

只有极个别的偏微分方程可以直接求出通解,为此需要把方程的标准形式作进一步的简化.如果方程的标准形式是简单的,那么便于确定其通解.

例 2.3-1　求方程 $x^2 u_{xx} + 2xy u_{xy} + y^2 u_{yy} = 0$ 的通解.

解　在例 2.1-2 中,利用变换 $\xi = y/x, \eta = y$,这个方程可以化为标准形式

$$u_{\eta\eta} = 0.$$

把上式对 η 积分两次,得到

$$u(\xi,\eta) = \eta f(\xi) + g(\xi),$$

式中,$f(\xi)$ 和 $g(\xi)$ 都是任意函数.用自变量 x 和 y 来表示,得到方程的通解

$$u(x,y) = \eta f\left(\frac{y}{x}\right) + g\left(\frac{y}{x}\right).$$

例 2.3-2　确定方程 $4u_{xx} + 5u_{xy} + u_{yy} + u_x + u_y = 2$ 的通解.

解　用变换 $\xi = y - x, \eta = y - (x/4)$ 得到这个方程的标准形式(见例 2.1-4)

$$u_{\xi\eta} = \frac{1}{3}u_\eta - \frac{8}{9}.$$

做代换 $v = u_\eta$,上述标准形式又可化为

$$v_\xi = \frac{1}{3}v - \frac{8}{9}.$$

通过分离变量容易求出它的积分.先对 ξ 积分,得到

$$v = \frac{8}{3} + e^{(\xi/3) + F(\eta)}.$$

再对 η 积分,得

$$u(\xi,\eta) = \frac{8}{3}\eta + g(\eta)e^{\xi/3} + f(\xi).$$

式中,$f(\xi)$ 和 $g(\eta)$ 都是任意函数.所以原方程的通解是

$$u(x,y) = \frac{8}{3}\left(y - \frac{x}{4}\right) + g\left(y - \frac{x}{4}\right)e^{\frac{1}{3}(y-x)} + f(y - x).$$

例 2.3-3　试求下列方程的通解.

$$3u_{xx} + 10u_{xy} + 3u_{yy} = 0.$$

解　因为,$B^2 - 4AC = 64 > 0$,所以,方程是双曲型的.于是,由方程式(2.1-29),特征线族是

$$y = 3x + C_1$$

和

$$y = \frac{1}{3}x + C_2.$$

取特征坐标为

$$\begin{cases} \xi = y - 3x, \\ \eta = y - \dfrac{1}{3}x, \end{cases}$$

原方程化为

$$\frac{64}{3}u_{\xi\eta} = 0.$$

因此,得

$$u_{\xi\eta} = 0.$$

通过积分可得它的通解

$$u(\xi,\eta) = f(\xi) + g(\eta),$$

式中，$f(\xi)$ 和 $g(\eta)$ 都是任意函数.

用原来的变量 x 和 y 来表示，上式变为

$$u(x,y) = f(y - 3x) + g\left(y - \frac{x}{3}\right).$$

习题

1.求出下列各方程为双曲型、抛物型或椭圆型的范围，并在相应的区域中将其化为标准形式：

(1) $xu_{xx} + u_{yy} = x^2$;

(2) $u_{xx} + y^2u_{yy} = y$;

(3) $u_{xx} + xyu_{xy} = 0$;

(4) $x^2u_{xx} - 2xyu_{xy} + y^2u_{yy} = e^x$;

(5) $u_{xx} + u_{xy} - xu_{yy} = 0$;

(6) $e^xu_{xx} + e^yu_{yy} = u$;

(7) $\sin^2 xu_{xx} + \sin2xu_{xy} + \cos^2 xu_{yy} = x$;

(8) $u_{xx} - yu_{xy} + xu_x + yu_y + u = 0$.

2.确定下列方程的类型，求出特征线、特征坐标，并将其化为标准形式.

(1) $u_{xx} + 2u_{xy} + 3u_{yy} + 4u_x + 5u_y + u = e^x$;

(2) $2u_{xx} - 4u_{xy} + 2u_{yy} + 3u = 0$;

(3) $u_{xx} + 5u_{xy} + 4u_{yy} + 7u_y = \sin x$;

(4) $u_{xx} + u_{yy} + 2u_x + 8u_y + u = 0$;

(5) $u_{xy} + 2u_{yy} + 9u_x + u_y = 2$;

(6) $6u_{xx} - u_{xy} + u = y^2$;

(7) $u_{xy} + u_x + u_y = 3x$;

(8) $u_{yy} - 9u_x + 7u_y = \cos y$.

第 3 章　行波法与波动方程的初值(柯西) 问题

前面两章介绍了线性偏微分方程各类定解问题的提法及分类.本章将介绍求解波动方程的初值问题常用的方法 —— 特征线法,又称行波法.行波法的实质是将方程沿特征线积分,基本想法是通过自变量的变换,将方程化为可求出通解的形式.本章先从一维波动方程入手,阐述行波法的基本思路及求解过程,进而介绍求解二维和三维波动方程初值问题的球面平均法和降维法,最后简单介绍解的性质及物理意义.

3.1　一维波动方程的初值(柯西) 问题

3.1.1　弦振动方程的达朗贝尔公式

考虑两端为无限长的弦振动方程的初值问题

$$\begin{cases} u_{tt} = a^2 u_{xx}, & -\infty < x < +\infty, t > 0, \\ u(x,0) = \varphi(x), u_t(x,0) = \psi(x), & -\infty < x < +\infty, \end{cases} \quad (3.1\text{-}1)$$

式中,$\varphi(x)$、$\psi(x)$ 分别表示初始位移和初始速度.

由第 2 章可知,该方程的特征线是 $x + at = c_1, x - at = c_2$.引入特征线坐标 $\xi = x + at$,$\eta = x - at$,利用复合函数求导法则,得到

$$u_x = u_\xi \xi_x + u_\eta \eta_x = u_\xi + u_\eta,$$
$$u_{xx} = u_{\xi\xi} + 2u_{\xi\eta} + u_{\eta\eta}.$$

类似地可以得到

$$u_t = a(u_\xi - u_\eta),$$
$$u_{tt} = a^2(u_{\xi\xi} - 2u_{\xi\eta} + u_{\eta\eta}).$$

把上述各式代入到方程式(3.1-1) 中的弦振动方程中,得到

$$u_{\xi\eta} = 0. \quad (3.1\text{-}2)$$

方程式(3.1-2) 两边关于 η 积分,得

$$u_\xi = f(\xi),$$

然后再关于 ξ 积分,得

$$u(\xi, \eta) = \int f(\xi)\,\mathrm{d}\xi + G(\eta) = F(\xi) + G(\eta),$$

式中,F 和 G 是任意二阶连续可微函数.代回原自变量 x 和 t,得到方程式(3.1-1) 中弦振动方

程的通解

$$u(x,t) = F(x + at) + G(x - at). \tag{3.1-3}$$

直接验证可知,只要 F 和 G 是二阶连续可微的,它就满足方程式(3.1-1)中的方程.为了求出初值问题方程式(3.1-1)的解,还必须利用初始条件来确定函数 F 和 G.

把初值问题方程式(3.1-1)中的初始条件代入到方程式(3.1-3)中,得

$$u(x,0) = \phi(x) = F(x) + G(x), \tag{3.1-4}$$

$$u_t(x,0) = \psi(x) = a(F'(x) - G'(x)). \tag{3.1-5}$$

对方程式(3.1-5)积分,得

$$F(x) - G(x) = \frac{1}{a} \int_{x_0}^{x} \psi(\zeta) \, d\zeta + C \tag{3.1-6}$$

式中,x_0 为任意一点,$C = \frac{1}{a}[F(x_0) - G(x_0)]$ 是常数.由方程式(3.1-4)和方程式(3.1-6)解得

$$F(x) = \frac{1}{2} \varphi(x) + \frac{1}{2a} \int_{x_0}^{x} \psi(\xi) \, d\xi + \frac{C}{2},$$

$$G(x) = \frac{1}{2} \varphi(x) - \frac{1}{2a} \int_{x_0}^{x} \psi(\xi) \, d\xi - \frac{C}{2}.$$

将 F、G 代入方程式(3.1-3)中,就得到初值问题方程式(3.1-1)解的表达式

$$u(x,t) = \frac{1}{2}[\varphi(x + at) + \varphi(x - at)] + \frac{1}{2a} \int_{x-at}^{x+at} \psi(\zeta) \, d\zeta \tag{3.1-7}$$

也称其为达朗贝尔(d'Alembert)公式,或初值问题方程式(3.1-1)的达朗贝尔解.

如果由方程式(3.1-7)所定义的函数 $u(x,t)$ 在区域 $D = \{(x,t) \mid x \in R^1, t > 0\}$ 上二阶连续可微,$u(x,t)$ 和 $u_t(x,t)$ 在 $\overline{D} = \{(x,t) \mid x \in R^1, t \geq 0\}$ 上连续,则函数 $u(x,t)$ 称为初值问题方程式(3.1-1)的古典解.

容易验证,当 $\varphi \in C^2, \psi \in C^1$ 时,由方程式(3.1-7)所定义的函数 $u(x,t)$ 是初值问题方程式(3.1-1)的古典解.当 φ, ψ 不满足该条件时,由方程式(3.1-7)所定义的函数 $u(x,t)$ 通常称为初值问题方程式(3.1-1)的广义解.

定理3.1-1 假定 $\varphi(x) \in C^2(R^1), \psi(x) \in C^1(R^1)$,则对任意给定 $T > 0$,初值问题方程式(3.1-1)的解在区域 $R^1 \times [0,T]$ 上是适定的.

证明 从达朗贝尔公式的推导可以看出,如果初值问题方程式(3.1-1)有解,必有表达方程式(3.1-7).因此解的唯一性和存在性可由达朗贝尔公式得出.当 $\varphi \in C^2(R^1), \psi \in C^1(R^1)$ 时,由方程式(3.1-7)所定义的函数是古典解.下面证明解的稳定性.设 u_i 表示对应于初值函数 φ_i, ψ_i 的问题方程式(3.1-1)的解,$i = 1,2$.如果

$$|\varphi_1(x) - \varphi_2(x)| < \delta, \ |\psi_1(x) - \psi_2(x)| < \delta, x \in R^1,$$

则由达朗贝尔公式得

$$|u_1(x,t) - u_2(x,t)| \leq \frac{|\varphi_1(x + at) - \varphi_2(x + at)|}{2} + \frac{|\psi_1(x - at) - \psi_2(x - at)|}{2}$$

$$+ \frac{1}{2a} \int_{x-at}^{x+at} | \psi(\xi) - \psi(\xi) | \mathrm{d}\xi < \delta + \frac{1}{2a} 2at\delta \leq (1 + T)\delta.$$

因此,对于任意的 $\varepsilon > 0$,取 $0 < \delta < \dfrac{\varepsilon}{1 + T}$,这样对任意的 $x \in R^1, 0 \leq t \leq T$,成立

$$| u_1(x,t) - u_2(x,t) | < \varepsilon.$$

这表明初值问题方程式(3.1-1)的解是稳定的,从而初值问题方程式(3.1-1)的解是适定的.证毕.

注 3.1-1　从达朗贝尔公式可知,初值问题方程式(3.1-1)的解在区域 $R^1 \times [0, \infty)$ 上是稳定的.

3.1.2　波的传播、依赖区间、特征区域、决定区域和影响区域

下面给出达朗贝尔方程式(3.1-7)的物理意义.由于它是从方程式(3.1-3)推得,故只需说明方程式(3.1-3)函数的物理意义便可.函数 $F(x - at)$ 作为 x 的函数(t 作为参数),于 $t = 0$ 时刻在点 x_0 的值为 $F(x_0)$,到时刻 $t > 0$ 时,在点 $x = x_0 + at$ 处得到 $F(x - at) = F(x_0 + at - at) = F(x_0)$.故对固定的 $t > 0$,$F(x - at)$ 的图形是由 $F(x)$ 的图形向右平移距离 at 而得到的(如图 3.1-1 所示).

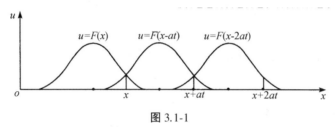

图 3.1-1

特别地,当 $t = 1$ 时,平移距离 a.可见 $F(x)$ 保持波形不变,以速度 a 向右传播,故称 $F(x - at)$ 为右传播波或右行波.类似地,$F(x + at)$ 保持波形 $F(x)$ 以速度 a 向左传播,称 $F(x + at)$ 为左传播波或左行波.因此,达朗贝尔方程式(3.1-7)表明初值问题方程式(3.1-1)的解是由 φ 和 ψ 确定的左、右行波 $\dfrac{1}{2}\varphi(x \pm at)$ 和 $\dfrac{1}{2a}\Psi(x \pm at)$ 的传播和叠加(式中,Ψ 是 ψ 的一个原函数).这就是达朗贝尔公式的物理意义.基于这个原因,上述求解的方法称为行波法.

从达朗贝尔方程式(3.1-7)还可以看出,解在任一点 (x_0, t_0) 的值为

$$u(x_0, t_0) = \frac{1}{2}[\varphi(x_0 + at_0) + \varphi(x_0 - at_0)] + \frac{1}{2a} \int_{x_0 - at_0}^{x_0 + at_0} \psi(\xi) \mathrm{d}\xi.$$

可见 $u(x_0, t_0)$ 完全由 φ、ψ 在区间 $[x_0 - at_0, x_0 + at_0]$ 上的值唯一确定,而与其他点上的初值无关.称区间 $[x_0 - at_0, x_0 + at_0]$ 为点 (x_0, t_0) 的依赖区间.当我们在区间 $[x_0 - at_0, x_0 + at_0]$ 以外改变初始数据时,解 u 在 (x_0, t_0) 的值不变.显然,依赖区间 $[x_0 - at_0, x_0 + at_0]$ 是由过点 (x_0, t_0) 的两条直线 $L_1 : x - at = x_0 - at_0, L_2 : x + at = x_0 + at_0$ 在 x 轴所截得的区间,这两条直线称为特征线.它们同区间 $[x_0 - at_0, x_0 + at_0]$ 所围成的区域 Δ 称为特征区域(如图 3.1-2 所示).

在 x 轴上任取一个区间 $[c,d]$，过 c 点作一条特征线 $x = c + at$，过 d 作另一条特征线 $x = d - at$，它们与区间 $[c,d]$ 围成一个三角形区域 K（如图 3.1-3 所示）。

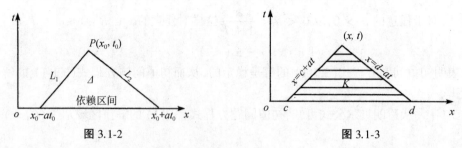

图 3.1-2   图 3.1-3

区域 K 中任一点 (x,t) 的依赖区间都落在区间 $[c,d]$ 内。因此，解 u 在 K 中的任一点 (x,t) 的数值 $u(x,t)$ 完全由区间 $[c,d]$ 上的初值决定，而与此区间外的数据无关。我们称区域 K 为区间 $[c,d]$ 的决定区域。在区间 $[c,d]$ 上给定初值 φ 和 ψ，就可以在 K 中决定初值问题的解。

下面考虑一个相反的问题，当初始数据在有限区间 $[c,d]$ 上扰动时，那么在时刻 $t > 0$，它所影响的区域是什么？由前面讨论可知，解 u 在点 (x_0,t_0) 的值受影响，当且仅当 $[x_0 - at_0, x_0 + at_0] \cap [c,d] \neq \phi$。因此，当初始数据在 $[c,d]$ 上变化时，它的影响范围是 $c \leq x + at$，$x - at \leq d$，即

$$D = \{ (x,t) \,|\, c - at \leq x \leq d + at, t \geq 0 \}.$$

区域 D 称为区间 $[c,d]$ 的影响区域（如图 3.1-4 所示）。

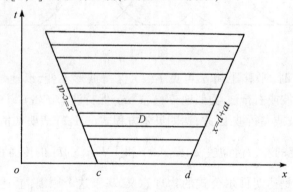

图 3.1-4

从上面的讨论中可知，在 xot 平面上两条特征线 $x \pm at = c$（c 为常数）对一维波动方程的研究起着重要的作用。所以行波法又称特征线法。

3.1.3　无界弦的受迫振动和齐次化原理

当弦受到外力 $f(x,t)$ 作用而产生振动时，那么初值问题方程式（3.1-1）就变成非齐次方程的初值问题

$$\begin{cases} u_{tt} = a^2 u_{xx} + f(x,t), & -\infty < x < +\infty, t > 0, \\ u(x,0) = \varphi(x), u_t(x,0) = \psi(x), & -\infty < x < +\infty. \end{cases} \tag{3.1-8}$$

由叠加原理可知,如果 $v = v(x,t)$ 是初值问题

$$\begin{cases} v_{tt} = a^2 v_{xx}, & -\infty < x < +\infty, t > 0, \\ v(x,0) = \varphi(x), v_t(x,0) = \psi(x), & -\infty < x < +\infty \end{cases} \tag{3.1-9}$$

的解,$w = w(x,t)$ 是初值问题

$$\begin{cases} w_{tt} = a^2 w_{xx} + f(x,t), & -\infty < x < +\infty, t > 0, \\ w(x,0) = w_t(x,0) = 0, & -\infty < x < +\infty \end{cases} \tag{3.1-10}$$

的解,那么 $u = v + w$ 是初值问题方程式(3.1-8)的解.问题方程式(3.1-9)的解可由达朗贝尔方程式(3.1-7)给出.因此为了得到问题方程式(3.1-8)的解,只需求问题方程式(3.1-10)的解.

定理 3.1-2 (齐次化原理) 设 $f(x,t) \in C^1(R^1 \times [0,\infty))$.如果 $h = h(x,t,\tau)$ 是初值问题

$$\begin{cases} h_{tt} = a^2 h_x x, & -\infty < x < +\infty, t > \tau, \\ h\big|_{t=\tau} = 0, h_t\big|_{t=\tau} = f(x,\tau), & -\infty < x < +\infty \end{cases} \tag{3.1-11}$$

的解,那么由积分

$$w(x,t) = \int_0^t h(x,t,\tau) d\tau \tag{3.1-12}$$

所定义的函数 $w = w(x,t)$ 是初值问题方程式(3.1-10)的解,式中,$\tau \geq 0$ 是参数.

证明 先证明 $w = w(x,t)$ 满足方程式(3.1-10)中的初始条件.$w(x,0) = 0$ 是显然的.先验证 $w_t\big|_{t=0} = 0$.由于

$$w_t = h(x,t,t) + \int_0^t h_t(x,t,\tau) d\tau = \int_0^t h_t(x,t,\tau) d\tau,$$

所以,$w_t\big|_{t=0} = 0$.再验证函数 w 满足方程式(3.1-10)中的方程.为此,将上式中的 t 再微分一次,并且注意到方程式(3.1-11)中的方程,得

$$w_{tt} = h_t\big|_{t=\tau} + \int_0^t h_{tt}(x,t,\tau) d\tau = f(x,t) + a^2 \int_0^t h_{xx}(x,t,\tau) d\tau$$

$$= f(x,t) + a^2 \frac{\partial^2}{\partial x^2} \int_0^t h d\tau = f(x,t) + a^2 w_{xx}.$$

可见,函数 $w(x,t)$ 满足方程式(3.1-10)中的方程.所以由方程式(3.1-12)所定义的函数 $w(x,t)$ 确实给出了初值问题方程式(3.1-10)的解.定理证毕.

下面,求 $w(x,t)$ 的表达式.令 $t' = t - \tau$,那么,初值问题方程式(3.1-11)化为初值问题

$$\begin{cases} h_{t't'} = a^2 h_{xx}, & -\infty < x < +\infty, t' > 0, \\ h\big|_{t'=0} = 0, h_t\big|_{t'=0} = f(x,\tau), & -\infty < x < +\infty. \end{cases} \tag{3.1-13}$$

由达朗贝尔方程式(3.1-7),得

$$h(x,t,\tau) = \frac{1}{2a} \int_{x-at'}^{x+at'} f(\xi,\tau) d\xi = \frac{1}{2a} \int_{x-a(t-\tau)}^{x+a(t-\tau)} f(\xi,\tau) d\xi,$$

因此

$$w(x,t) = \int_0^t h(x,t,\tau) d\tau = \frac{1}{2a} \int_0^t \int_{x-a(t-\tau)}^{x+a(t-\tau)} f(\xi,\tau) d\xi d\tau. \tag{3.1-14}$$

定理3.1-3 假设 $\varphi(x) \in C^2(R^1)$, $\psi(x) \in C^1(R^1)$, $f(x,t) \in C^1\{R^1 \times [0,\infty)\}$, 则初值问题方程式(3.1-8)存在唯一解 u, 且这个解 u 可以表示为

$$u(x,t) = \frac{1}{2}[\varphi(x+at) + \varphi(x-at)] + \frac{1}{2a}\int_{x-at}^{x+at}\psi(\xi)\,\mathrm{d}\xi$$

$$+ \frac{1}{2a}\int_0^t\int_{x-a(t-\tau)}^{x+a(t-\tau)}f(\xi,\tau)\,\mathrm{d}\xi\mathrm{d}\tau. \tag{3.1-15}$$

进一步地,对任意 $T > 0$, 初值问题方程式(3.1-8)的解在区域 $R^1 \times [0,T]$ 上是稳定的.方程式(3.1-15)称为一维非齐次波动方程初值问题解的基尔霍夫(Kirchhoff)公式.

证明 根据叠加原理和达朗贝尔公式,初值问题方程式(3.1-8)的解可由方程式(3.1-9)的解和方程式(3.1-10)的解叠加而成,这样就得到了方程式(3.1-15).下面证明唯一性.

设 u_1, u_2 是问题方程式(3.1-8)的两个解.令 $u = u_1 - u_2$, 则 u 满足齐次初值问题

$$\begin{cases} u_{tt} = a^2 u_{xx}, & -\infty < x < +\infty, t > 0, \\ u(x,0) = 0, u_t(x,0) = 0, & -\infty < x < +\infty. \end{cases}$$

由定理3.1-1可得,上述问题的解为 $u = 0$, 即 $u_1 = u_2$.

为了证明初值问题(3.1-8)的解在区域 $R^1 \times [0,T]$ 上是稳定的,需要证明当初值和外力(自由项)发生微小变化时,对应的解也只产生微小变化.设 $u_i(i=1,2)$ 是初值问题方程式(3.1-8)对应于自由项 $f_i(x,t)$ 和初值 $\varphi_i(x)$, $\psi_i(x)$ 的解,且

$$|\varphi_1(x) - \varphi_2(x)| < \delta, |\psi_1(x) - \psi_2(x)| < \delta, \forall x \in R^1,$$

$$|f_1(x,t) - f_2(x,t)| < \delta, \forall (x,t) \in R^1 \times [0,T].$$

那么对任意 $(x,t) \in R^1 \times [0,T]$, 由方程式(3.1-15)得

$$|u_1(x,t) - u_2(x,t)| \leqslant \frac{1}{2}[|\varphi_1(x+at) - \varphi_2(x+at)| + |\varphi_1(x-at) - \varphi_2(x-at)|]$$

$$+ \frac{1}{2a}\int_{x-at}^{x+at}|\psi_1(\xi) - \psi_2(\xi)|\,\mathrm{d}\xi + \frac{1}{2a}\int_0^t\int_{x-a(t-\tau)}^{x+a(t-\tau)}|f_1(\xi,\tau) -$$

$$f_2(\xi,\tau)|\,\mathrm{d}\xi\mathrm{d}\tau$$

$$< \frac{1}{2}(\delta + \delta) + \frac{1}{2a}\cdot 2at\delta + \frac{1}{2a}\cdot at^2\delta$$

$$\leqslant (1 + T + T^2/2)\delta.$$

因此,对任意 $\varepsilon > 0$, 选取 $\delta < \varepsilon/(1 + T + T^2)$, 则对任意 $(x,t) \in R^1 \times [0,T]$, 成立

$$|u_1(x,t) - u_2(x,t)| < \varepsilon.$$

这就完成了定理的证明.

推论3.1-1 假设函数 $f(x,t)$、$\varphi(x)$ 和 $\psi(x)$ 满足定理3.1-3的条件,且关于变量 x 是偶函数,则问题方程式(3.1-8)的解 $u(x,t)$ 关于 x 也是偶函数.类似地,若函数 $f(x,t)$、$\varphi(x)$ 和 $\psi(x)$ 关于变量 x 是奇函数(或者以 L 为周期的函数),则解 $u(x,t)$ 关于 x 也是奇函数(或以 L 为周期的函数).

证明 我们只证明推论的第一部分,剩下部分可以类似地证明.设 $u(x,t)$ 是初值问题方程式(3.1-8)的解,定义函数 $v(x,t) = u(-x,t)$, 显然

$$v_x(x,t) = -u_x(-x,t), v_t(x,t) = u_t(-x,t)$$

和

$$v_{xx}(x,t) = u_{xx}(-x,t), v_{tt}(x,t) = u_{tt}(-x,t).$$

那么

$$v_{tt} - a^2 v_{xx}(x,t) = u_{xx}(-x,t) - a^2 u_{xx}(-x,t) = f(-x,t) = f(x,t).$$

因此,v 满足方程式(3.1-8)中的非齐次波动方程.进一步地,有

$$v(x,0) = u(-x,0) = \varphi(-x) = \varphi(x),$$

$$v_t(x,0) = u_t(-x,0) = \psi(-x) = \psi(x).$$

这表明 v 满足问题方程式(3.1-8)的初始条件.所以,v 也是初值问题方程式(3.1-8)的解.由定理3.1-3关于解的唯一性,得出 $v(x,t) = u(x,t)$,即 $u(-x,t) = u(x,t)$.定理证明完毕.

例 3.1-1　求解下列初值问题

$$\begin{cases} u_{tt} - 9u_{xx} = e^x - e^{-x}, & -\infty < x < +\infty, t > 0, \\ u(x,0) = x, u_t(x,0) = \sin x, & -\infty < x < +\infty. \end{cases}$$

解　利用达朗贝尔方程式(3.1-15)得

$$\begin{aligned} u(x,t) &= \frac{1}{2}[\varphi(x+at) + \varphi(x-at)] + \frac{1}{2a}\int_{x-at}^{x+at}\psi(\xi)\mathrm{d}\xi \\ &\quad + \frac{1}{2a}\int_0^t\int_{x-a(t-\tau)}^{x+a(t-\tau)}f(\xi,\tau)\mathrm{d}\xi\mathrm{d}\tau \\ &= \frac{1}{2}(x+3t+x-3t) + \frac{1}{6}\int_{x-3t}^{x+3t}\sin\xi\mathrm{d}\xi \\ &\quad + \frac{1}{6}\int_0^t\int_{x-3(t-\tau)}^{x+3(t-\tau)}(e^\xi - e^{-\xi})\mathrm{d}\xi\mathrm{d}\tau \\ &= x + \frac{1}{3}\sin x\sin 3t - \frac{2}{9}\sinh x + \frac{2}{9}\sinh x\cosh 3t, \end{aligned}$$

易见,解 $u(x,t)$ 关于 x 是奇函数.

3.1.4　一维波动方程的半无界问题

在区域 $\overline{Q} = \{(t,x) | 0 \leq x < \infty, 0 \leq t < \infty\}$ 上,求解下面定解问题

$$\begin{cases} u_{tt} - a^2 u_{xx} = f(t,x), & 0 < x < \infty, t > 0, \\ u|_{t=0} = \varphi(x), u_t|_{t=0} = \psi(x), & 0 \leq x < \infty, \\ u|_{x=0} = g(t), & t \geq 0. \end{cases} \tag{3.1-16}$$

(1)$g(t) \equiv 0$ 的情形

求解半无界问题的基本思路是适当地延拓(亦即所谓的补充定义)φ, ψ 和 f 在 $-\infty < x < 0$ 和 $-\infty < x \leq 0, t \geq 0$ 中的值,将半无界问题转化为给定在整个上半平面的初值(柯西)问题,然后,使它的解 u 在 $x = 0$ 自然地满足边界条件

$$u(0,t) = 0. \tag{3.1-17}$$

如果这是可能的,那么,将 u 限制在区域 $\overline{Q}$ 上就给出了半无界问题方程式(3.1-16)的解.

现在的问题集中于如何去寻求这样的延拓.

根据数学分析知识，一个定义在整个直线上的光滑函数 $w(x)$，如果它是奇函数，那么，必有 $w(0)=0$；如果 $w(x)$ 是偶函数，必有 $w'(0)=0$. 因此，为了使延拓后的初值（柯西）问题的解 u 自然地满足方程式（3.1-17），只需它是 x 的奇函数. 而为了达到这一点，由推论 3.1-1 可知，应该将 φ、ψ 和 f 对 x 作奇延拓. 定义 $\overline{\varphi}$、$\overline{\psi}$、$\overline{f}$ 分别为

$$\overline{\varphi}(x) = \begin{cases} \varphi(x), & x \geq 0, \\ -\varphi(-x), & x < 0, \end{cases}$$

$$\overline{\psi}(x) = \begin{cases} \psi(x), & x \geq 0, \\ -\psi(-x), & x < 0, \end{cases}$$

$$\overline{f}(t,x) = \begin{cases} f(t,x), & x > 0, t \geq 0, \\ -f(t,-x), & x \leq 0, t \geq 0, \end{cases}$$

显然，这样定义的 $\overline{\varphi}$、$\overline{\psi}$、$\overline{f}$ 都是 x 的奇函数. 求解

$$\begin{cases} \overline{u}_{tt} - a^2 \overline{u}_{xx} = \overline{f}(t,x), & x \in R^1, t > 0, \\ \overline{u}|_{t=0} = \overline{\varphi}(x), \overline{u}_t|_{t=0} = \overline{\psi}(x), & x \in R^1. \end{cases}$$

它的解可表示为［如方程式（3.1-15）所示］

$$\overline{u}(t,x) = \frac{1}{2}\left[\overline{\varphi}(x-at) + \overline{\varphi}(x+at)\right]$$

$$+ \frac{1}{2a}\int_{x-at}^{x+at}\overline{\psi}(y)\,\mathrm{d}y + \frac{1}{2a}\int_0^t \mathrm{d}\tau \int_{x-a(t-\tau)}^{x+a(t-\tau)}\overline{f}(\tau,y)\,\mathrm{d}y$$

由推论 3.1-1 可知，它必是 x 的奇函数. 令 $u = \overline{u}|_{\overline{Q}}$，那么，$u$ 就给出了半无界问题方程式（3.1-16）的解.

在 $\overline{Q}$ 上，根据 $\overline{\varphi}$、$\overline{\psi}$ 和 $\overline{f}$ 的定义，即得

$$u(t,x) = \begin{cases} \dfrac{1}{2}\left[\varphi(x-at) + \varphi(x+at)\right] \\[2mm] + \dfrac{1}{2a}\displaystyle\int_{x-at}^{x+at}\psi(y)\,\mathrm{d}y + \dfrac{1}{2a}\displaystyle\int_0^t \mathrm{d}\tau \displaystyle\int_{x-a(t-\tau)}^{x+a(t-\tau)}f(\tau,y)\,\mathrm{d}y, \quad x \geq at \\[4mm] \dfrac{1}{2}\left[\varphi(x+at) - \varphi(at-x)\right] \\[2mm] + \dfrac{1}{2a}\displaystyle\int_{at-x}^{x+at}\psi(y)\,\mathrm{d}y + \dfrac{1}{2a}\displaystyle\int_{t-\frac{x}{a}}^{t}\mathrm{d}\tau \displaystyle\int_{x-a(t-\tau)}^{x+a(t-\tau)}f(\tau,y)\,\mathrm{d}y \\[4mm] + \dfrac{1}{2a}\displaystyle\int_0^{t-\frac{x}{a}}\mathrm{d}\tau \displaystyle\int_{a(t-\tau)-x}^{x+a(t-\tau)}f(\tau,y)\,\mathrm{d}y, \quad\quad 0 \leq x < at \end{cases} \tag{3.1-18}$$

以上解法称为对称延拓法. 该问题亦可考虑直接用特征线法求解，留作思考题.

（2）$g(t) \neq 0$ 的情形

作函数代换

$$u = v + g(t).$$

则方程式（3.1-16）在区域 $\overline{Q}$ 上可化为

$$\begin{cases} v_{tt} - a^2 v_{xx} = u_{tt} - a^2 u_{xx} - [g_{tt}(t) - a^2 g_{xx}(t)] = f(t,x) - g''(t) \\ v|_{t=0} = \varphi(x) - g(0), v_t|_{t=0} = \psi(x) - g'(0) \\ v(t,0) = 0, \end{cases}$$

因此, $v(t,x)$ 可由方程式(3.1-18)给出.这样,由给定的函数代换即得方程式(3.1-16)的解的表达式.

当然方程式(3.1-18)只是给出了半无界问题的形式解,为了保证它是问题方程式(3.1-16)的解,还必须像初值(柯西)问题一样需要对定解条件加上一些光滑性要求.但对于半无界问题仅仅对定解条件加上光滑性要求还不够,还必须考虑区域角点(0,0)处的连接条件.因此,为了保证初值(柯西)问题方程式(3.1-16)的解在整个区域上是二次连续可微的,必须要求它在 $t=0$ 和 $x=0$ 上以及在角点(0,0)是二次可微的.

由于要求 u 在 $\overline{Q}$ 上连续,因此, u 应在(0,0)处连续,亦即

$$\lim_{t \to 0} u(t,0) = \lim_{t \to 0} u(0,x),$$

即

$$\varphi(0) = 0.$$

其次,由要求 $u \in C^2(\overline{Q})$,有 $\psi(0) = g'(0) = 0$;由

$$\lim_{(x,t) \to (0,0)} (u - f) = 0,$$

得

$$g''(0) - a^2 \varphi''(0) = f(0,0).$$

定理 3.1-4　若 $g(t) \in C^3\{[0,\infty)\}, \varphi \in C^2\{[0,\infty)\}, \psi \in C^1\{[0,\infty)\}, f \in C^1(\overline{Q})$,且相容性条件

$$\varphi(0) = \psi(0) = g'(0) = 0, g''(0) - a^2 \varphi''(0) = f(0,0)$$

成立,则半无界问题方程式(3.1-16)必有解 $u(t,x) \in C^2(\overline{Q})$.

注 3.1-2　在定解问题方程式(3.1-16)中,若在边界 $x=0$ 上给定如下边界条件

$$u_x(t,0) = g(t),$$

则仿照上面做法,先作函数代换

$$u = xg(t) + v,$$

将 $x=0$ 的边界条件化为齐次的

$$v_x(t,0) = 0,$$

然后,利用对称延拓法,把相应的初值和方程右端进行偶延拓,就可求得 $v(t,x)$,进而得到 $u(t,x)$.

3.2　三维波动方程的初值问题

上节讨论了一维波动方程的初值问题方程式(3.1-1),得到了达朗贝尔公式,并用齐次化原理及函数延拓方法,解决了非齐次方程的初值问题及半无界弦的振动问题.本节要考虑三维波动方程的初值问题,即求解下列问题

$$\begin{cases} u_{tt} = a^2(u_{xx} + u_{yy} + u_{zz}), & (x,y,z) \in R^3, t > 0, \\ u|_{t=0} = \varphi(x,y,z), u_t|_{t=0} = \psi(x,y,z), & (x,y,z) \in R^3, \end{cases} \tag{3.2-1}$$

式中, $\varphi(x,y,z)$、$\psi(x,y,z)$ 为已知位移和速度. 从初值问题的形式上来看, 三维和一维是相似的, 只是点的坐标依赖于三个变量. 因此, 如果能够转化为一个变量来描述, 就可以借助于达朗贝尔公式求解. 为此先考虑具有球对称的三维波动方程的解.

3.2.1 三维波动方程的球对称解

一种特殊情形, 即方程式(3.2-1)中的初始条件, 形如 $\varphi(x,y,z) = \varphi(r)$, $\psi(x,y,z) = \psi(r)$ 且 $\varphi(0) = \psi(0) = 0$. 式中, $r = \sqrt{x^2 + y^2 + z^2}$. 此时, 可尝试求形如 $u = (r,t)$ 的球对称解. 引进球坐标系

$$\begin{cases} x = r\sin\theta\cos\varphi, \\ y = r\sin\theta\sin\varphi, & 0 \le \theta < \pi, 0 \le \varphi \le 2\pi, r \ge 0. \\ z = r\cos\theta, \end{cases}$$

那么方程式(3.2-1)中的三维波动方程在球坐标系(r,θ,φ)下可以表示为

$$\frac{1}{a^2}\frac{\partial^2 u}{\partial t^2} = \frac{1}{r^2}\frac{\partial}{\partial r}\left(r^2\frac{\partial u}{\partial r}\right) + \frac{1}{r^2\sin\theta}\frac{\partial}{\partial\theta}\left(\sin\theta\frac{\partial u}{\partial\theta}\right) + \frac{1}{r^2\sin^2\theta}\frac{\partial^2 u}{\partial\varphi^2}, \tag{3.2-2}$$

式中, $u = u(r,\theta,\varphi,t)$. 函数$u$具有球对称性, 是指$u$与$\theta$、$\varphi$无关, 即$u$仅依赖于$r$和$t$. 因此, 当$u$是球对称函数时, 方程式(3.2-2)简化为

$$\frac{\partial^2 u}{\partial t^2} = a^2\left(\frac{\partial^2 u}{\partial r^2} + \frac{2}{r}\frac{\partial u}{\partial r}\right). \tag{3.2-3}$$

令 $ru = w$, 方程式(3.2-3)可以写为

$$\frac{\partial^2 w}{\partial t^2} = a^2\frac{\partial^2 w}{\partial r^2}. \tag{3.2-4}$$

这是关于w的一维波动方程, 其通解为

$$w(r,t) = F(r+at) + G(r-at), r > 0, t > 0, \tag{3.2-5}$$

从而

$$u(r,t) = \frac{F(r+at) + G(r-at)}{r}, r > 0, t > 0, \tag{3.2-6}$$

式中, F、G是任意两个二阶连续可微函数. 它们可以通过给定的初始条件来确定. 相应的, 方程式(3.2-1)中的初始条件变为 $w|_{t=0} = r\varphi(r)$, $w_t|_{t=0} = r\psi(r)$, $r \ge 0$, 将$\varphi(r)$, $\psi(r)$延拓到$(-\infty, 0)$, 在$r \in (-\infty, +\infty)$, $t \in (0, +\infty)$上考虑问题. 仿照方程式(3.1-16)的第一种情形, 由达朗贝尔公式, 得

$$u(t,r) = \begin{cases} \dfrac{1}{2r}\left[(r-at)\varphi(r-at) + (r+at)\varphi(r+at)\right] \\ \quad + \dfrac{1}{2ar}\displaystyle\int_{r-at}^{r+at}\tau\psi(\tau)\,\mathrm{d}\tau, & r \ge at \ge 0, \\ \dfrac{1}{2r}\left[(r+at)\varphi(r+at) - (at-r)\varphi(at-r)\right] \\ \quad + \dfrac{1}{2ar}\displaystyle\int_{at-r}^{r+at}\tau\psi(\tau)\,\mathrm{d}\tau, & 0 \le r < at, \end{cases}$$

该解的物理意义：在球对称下，三维波的传播是以球心为中心，沿半径 r 传播的球面波，且等于以速度 a，沿球的半径增加的方向向外传播的波与一个以同样速度自外沿半径 r 减少的方向向内传播的波的叠加.在同一个球面上，波的振幅相同，即波函数 u 只依赖半径 r 和时间 t.

3.2.2　三维波动方程的泊松公式

对于初始函数不是球对称的情形，由于直观上认为波可能具有球对称性以及把高维化成一维容易求解，所以采用如下策略.考虑 u 在以 $M(x,y,z)$ 为球心，r 为半径的球面上的平均值 $\bar{u}$，则这个平均值 $\bar{u}$ 只与半径 r 和时间 t 有关[点 $M(x,y,z)$ 固定].若求得这个平均值 $\bar{u}(r,t)$，再令半径 r 趋于 0，则这个平均值 $\bar{u}(r,t)$ 的极限就是 u 在点 $M(x,y,z)$ 和时刻 t 的值.这种借助于球面平均值求得解的方法，称为球面平均值方法.下面利用该方法推出三维波动方程解的泊松公式.

先引入球面平均值函数 $\bar{u}(r,t)$，它是函数 u 在以 $M(x,y,z)$ 为中心，以 $r=|M-M'|$ 为半径的球面 S_r^M 上的平均值，即

$$\bar{u}(r,t)=\frac{1}{4\pi r^2}\iint\limits_{S_r^M}u(\xi,\eta,\zeta,t)\mathrm{d}S=\frac{1}{4\pi}\iint\limits_{S_r^M}u(\xi,\eta,\zeta,t)\mathrm{d}\omega, \tag{3.2-7}$$

式中，$M'=(\xi,\eta,\zeta)$ 为球面 S_r^M 上的动点，且

$$\begin{cases}\xi=x+r\sin\theta\cos\varphi,\\ \eta=y+r\sin\theta\sin\varphi,r\geqslant 0,0\leqslant\theta\leqslant\pi,0\leqslant\varphi\leqslant 2\pi,\\ \zeta=z+r\cos\theta,\end{cases} \tag{3.2-8}$$

是球面 S_r^M 上点的坐标，$\mathrm{d}S$ 是 S_r^M 上的面积元；S_r^M 是以 M 为中心的单位球面，$\mathrm{d}\omega$ 是单位球面上的面积元.在球坐标系中，有 $\mathrm{d}S=r^2\mathrm{d}\omega=r^2\sin\theta\mathrm{d}\theta\mathrm{d}\varphi$(如图 3.2-1 所示).

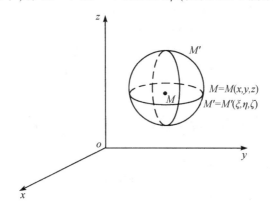

图 3.2-1

显然，$u(M,t)=u(x,y,z,t)=\bar{u}(0,t)=\lim\limits_{r\to 0}\bar{u}(r,t)$.为此，需要求出 $\bar{u}(r,t)$ 的值.下面，证明 $r\bar{u}$ 满足一维波动方程

$$\frac{\partial^2[r\bar{u}(r,t)]}{\partial t^2}=a^2\frac{\partial^2[r\bar{u}(r,t)]}{\partial r^2}. \tag{3.2-9}$$

用 B_r^M 表示以 M 为中心，r 为半径的球域.对方程式(3.2-1)中的两边在 B_r^M 上积分，并且利用高斯公式，得

$$\iiint_{B_r^M} u_{tt} \mathrm{d}x\mathrm{d}y\mathrm{d}z = a^2 \iiint_{B_r^M} \Delta \mathrm{d}x\mathrm{d}y\mathrm{d}z = a^2 \iint_{S_r^M} \frac{\partial u}{\partial n} \mathrm{d}S$$

$$= a^2 \iint_{S_r^M} \frac{\partial u}{\partial r} r^2 \mathrm{d}\omega = 4\pi a^2 r^2 \frac{\partial \bar{u}}{\partial r}.$$

(3.2-10)

由于

$$\iiint_{B_r^M} u_{tt} \mathrm{d}x\mathrm{d}y\mathrm{d}z = \frac{\partial^2}{\partial t^2} \int_0^r \iint_{S_\rho^M} u\rho^2 \mathrm{d}\omega \mathrm{d}\rho = 4\pi \frac{\partial^2}{\partial t^2} \int_0^r \rho^2 \bar{u}\mathrm{d}\rho ,$$

(3.2-11)

所以

$$\frac{\partial^2}{\partial t^2} \int_0^r \rho^2 \bar{u}\mathrm{d}\rho = a^2 r^2 \frac{\partial \bar{u}}{\partial r}.$$

两边对 r 求导，得

$$\frac{\partial^2}{\partial t^2}(r^2 \bar{u}) = a^2 \frac{\partial}{\partial r}\left(r^2 \frac{\partial \bar{u}}{\partial r}\right).$$

于是，得到球面平均值 $\bar{u}$ 满足

$$\frac{\partial^2 \bar{u}}{\partial t^2} = \frac{a^2}{r^2} \frac{\partial}{\partial r}\left(r^2 \frac{\partial \bar{u}}{\partial r}\right),$$

即

$$\frac{\partial^2 (r\bar{u})}{\partial t^2} = a^2 \frac{\partial^2 (r\bar{u})}{\partial r^2},$$

(3.2-12)

即，$r\bar{u}$ 满足一维波动方程.所以，其通解为

$$r\bar{u}(r,t) = F(r + at) + G(r - at).$$

(3.2-13)

下面根据方程式(3.2-1)中的初值条件，确定函数 F 和 G.在方程式(3.2-13)中，令 $r \to 0$，得 $F(at) = -G(-at)$，于是方程式(3.2-13)又可以写成 $r\bar{u}(r,t) = F(r + at) - F(at - r)$.此式两边关于 r 求导，得

$$\frac{\partial (r\bar{u})}{\partial r} = r \frac{\partial \bar{u}}{\partial r} + \bar{u}(r,t) = F'(r + at) + F'(at - r).$$

(3.2-14)

令 $r \to 0$，得

$$\bar{u}(0,t) = 2F'(at).$$

(3.2-15)

对方程式(3.2-13)两边关于 t 求导，得

$$r \frac{\partial \bar{u}}{\partial t} = aF'(r + at) - aF'(at - r).$$

(3.2-16)

令 $t \to 0$，将方程式(3.2-14)和方程式(3.2-16)相加得

$$2F'(r) = \left(\frac{\partial (r\bar{u})}{\partial r} + \frac{r}{a} \cdot \frac{\partial \bar{u}}{\partial t}\right)\bigg|_{t=0}.$$

右边两式 $\dfrac{\partial(\overline{ru})}{\partial r}\Big|_{t=0} = \dfrac{\partial(r\overline{\varphi})}{\partial r}, \dfrac{r}{a} \cdot \dfrac{\partial\overline{u}}{\partial t}\Big|_{t=0} = \dfrac{r}{a}\overline{\psi}$,因此,

$$u(x,y,z,t) = 2F'(at) = \frac{\partial}{\partial t}(t\overline{\varphi}) + t\overline{\psi}$$

$$= \left(\frac{1}{4\pi}\frac{\partial}{\partial r}\iint\limits_{S_r^M}\frac{u}{r}\mathrm{d}S + \frac{1}{4a\pi}\frac{\partial}{\partial t}\iint\limits_{S_r^M}\frac{u}{r}\mathrm{d}S\right)\Bigg|_{t=0} \qquad (3.2\text{-}17)$$

$$= \frac{1}{4\pi}\frac{\partial}{\partial r}\iint\limits_{S_r^M}\frac{\varphi}{r}\mathrm{d}S + \frac{1}{4a\pi}\iint\limits_{S_r^M}\frac{\psi}{r}\mathrm{d}S.$$

将方程式(3.2-17) 中的 r 用 at 取代,得到初值问题方程式(3.2-1) 的解

$$u(x,y,z,t) = \frac{1}{4a^2\pi}\frac{\partial}{\partial t}\iint\limits_{S_{at}^M}\frac{\varphi(\xi,\eta,\zeta)}{t}\mathrm{d}S + \frac{1}{4a^2\pi}\iint\limits_{S_{at}^M}\frac{\psi(\xi,\eta,\zeta)}{t}\mathrm{d}S. \qquad (3.2\text{-}18)$$

它称为三维波动方程初值问题方程式(3.2-1) 解的泊松公式.这里 S_{at}^M 表示以 $M = M(x, y,z)$ 为中心,at 为半径的球面.引进球面坐标系

$$\xi = x + at\sin\theta\cos\varphi, \eta = y + at\sin\theta\sin\varphi, \zeta = z + at\cos\theta. \qquad (3.2\text{-}19)$$

那么 $\mathrm{d}S = a^2t^2\sin\theta\mathrm{d}\theta\mathrm{d}\varphi$ 和

$$u(x,y,z,t)$$
$$= \frac{1}{4\pi}\frac{\partial}{\partial t}\int_0^{2\pi}\int_0^{\pi}t\sin\theta\varphi(x + at\sin\theta\cos\varphi, y + at\sin\theta\sin\varphi, z + at\cos\theta)\mathrm{d}\theta\mathrm{d}\varphi$$
$$+ \frac{t}{4\pi}\int_0^{2\pi}\int_0^{\pi}\sin\theta\psi(x + at\sin\theta\cos\varphi, y + at\sin\theta\sin\varphi, z + at\cos\theta)\mathrm{d}\theta\mathrm{d}\varphi. \qquad (3.2\text{-}20)$$

可以验证当 $\varphi(x,y,z) \in C^3(R^3), \psi(x,y,z) \in C^2(R^3)$ 时,由泊松公式方程式(3.2-18) 所确定的函数是三维波动方程初值问题方程式(3.2-1) 的解.

例 3.2-1 利用泊松公式,求下列初值问题的解.

$$\begin{cases} u_{tt} = a^2(u_{xx} + u_{yy} + u_{zz}), & (x,y,z) \in R^3, t > 0, \\ u(x,y,z,0) = 3y - z, u_t(x,y,z,0) = 2xyz, & (x,y,z) \in R^3. \end{cases}$$

解 由泊松公式方程式(3.2-20) 得

$$u(x,y,z,t) = \frac{1}{4\pi}\frac{\partial}{\partial t}\int_0^{2\pi}\int_0^{\pi}t\sin\theta(3y + 3at\sin\theta\sin\varphi - z - at\cos\theta)\mathrm{d}\theta\mathrm{d}\varphi$$

$$+ \frac{t}{4\pi}\int_0^{2\pi}\int_0^{\pi}2\sin\theta(x + at\sin\theta\cos\varphi)(y + at\sin\theta\sin\varphi)(z + at\cos\theta)\mathrm{d}\theta\mathrm{d}\varphi$$

$$= 3y - z + 2xyzt.$$

3.2.3 泊松公式的物理意义

由三维波动方程式(3.2-18) 的泊松公式知,解 $u(x,y,z,t)$ 依赖于初始函数 φ、ψ 在球面 S_{at}^M 上的值.设初始扰动只限于区域 Ω 内,即在 Ω 内,$\varphi \neq 0$,$\psi \neq 0$;在 Ω 外,$\varphi \equiv 0$,$\psi \equiv 0$.现在研究 Ω 外一点 $M = M(x,y,z)$ 在时刻 t 的状态.由泊松公式方程式(3.2-18) 知,只有当积分曲面 S_{at}^M 与初始扰动区域 Ω 相交时,点 M 才被扰动.

设 d 和 D 分别为点 M 到区域 Ω 的最近和最远距离（如图3.2-2所示）.

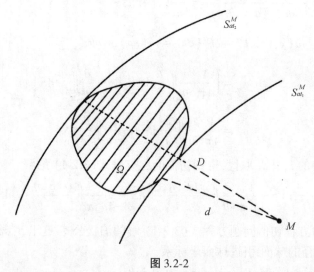

图 3.2-2

由泊松公式方程式（3.2-18）得：

（1）当 $at < d$ 时，即 $0 \leqslant t < \dfrac{d}{a}$ 时，表明积分球面 S_{at}^M 与初始扰动区域 Ω 有距离.这时球面 S_{at}^M 上的初值函数 φ、ψ 为0，故波函数 $u = 0$.这说明扰动还未到达点 M.

（2）当 $d \leqslant at \leqslant D$，即 $\dfrac{d}{a} \leqslant t \leqslant \dfrac{D}{a}$ 时，φ、ψ 在 S_{at}^M 上不为零，故方程式（3.2-18）中曲面积分一般不等于零，即 $u \neq 0$.说明扰动已传到点 M，点 M 处于振动状态.

（3）当 $at > D$，即 $t > \dfrac{D}{a}$ 时，表明积分球面 S_{at}^M 越过初始扰动区域 Ω.这时 S_{at}^M 又不与扰动区域 Ω 相交了，故 $u(M,t) = u(x,y,z,t) = 0$.这说明扰动已传过点 M，点 M 又恢复到静止状态.

三维空间的初始局部扰动，在不同的时间区间内对空间每一点 M 发生影响，且波的传播有清晰的"前锋"与"阵尾"，这种现象在物理学中称为惠更斯原理或者无后效现象.三维空间中波的传播无后效现象，使我们能够利用现实生活空间，传播各种信息.

3.2.4　非齐次波动方程的初值问题和推迟势

对于非齐次波动方程的初值问题

$$\begin{cases} u_{tt} = a^2(u_{xx} + u_{yy} + u_{zz}) + f(x,y,z,t), & (x,y,z) \in R^3, t > 0, \\ u\,|_{t=0} = \varphi(x,y,z), u_t\,|_{t=0} = \psi(x,y,z), & (x,y,z) \in R^3. \end{cases} \quad (3.2\text{-}21)$$

由叠加原理，如果 $v = v(x,y,z,t)$ 是初值问题

$$\begin{cases} v_{tt} = a^2(v_{xx} + v_{yy} + v_{zz}), & (x,y,z) \in R^3, t > 0, \\ v\,|_{t=0} = \varphi(x,y,z), v_t\,|_{t=0} = \psi(x,y,z), & (x,y,z) \in R^3. \end{cases} \quad (3.2\text{-}22)$$

的解，$w = w(x,y,z,t)$ 是初值问题

$$\begin{cases} w_{tt} = a^2(w_{xx} + w_{yy} + w_{zz}) + f(x,y,z,t), & (x,y,z) \in R^3, t > 0, \\ w\mid_{t=0} = 0, w_t\mid_{t=0} = 0, & (x,y,z) \in R^3. \end{cases} \quad (3.2\text{-}23)$$

的解,则 $u = v + w$ 是初值问题方程式(3.2-21)的解,而初值问题方程式(3.2-22)的解 v 可由泊松公式方程式(3.2-18)给出.利用齐次化原理和泊松公式方程式(3.2-18),初值问题方程式(3.2-23)的解可以表示为

$$w(x,y,z,t) = \frac{1}{4a^2\pi} \int_0^t \iint_{S^M_{a(t-\tau)}} \frac{f(\xi,\eta,\zeta,\tau)}{r} \mathrm{d}S\mathrm{d}\tau,$$

作代换 $\tau = t - \dfrac{r}{a}$,则上式成为

$$\begin{aligned} w(x,y,z,t) &= \frac{1}{4a^2\pi} \int_0^{at} \iint_{S^M_r} \frac{f(\xi,\eta,\zeta,t - \frac{r}{a})}{r} \mathrm{d}S\mathrm{d}r \\ &= \frac{1}{4a^2\pi} \iiint_{r \leqslant at} \frac{f(\xi,\eta,\zeta,t - \frac{r}{a})}{r} \mathrm{d}\xi\mathrm{d}\eta\mathrm{d}\zeta, \end{aligned} \quad (3.2\text{-}24)$$

式中,积分在以 $M = M(x,y,z)$ 为中心,at 为半径的球体中进行.因此,在时刻 t,位于 $M(x,y,z)$ 处函数 u 的值由函数 f 在时刻 $\tau = t - \dfrac{r}{a}$ 处的值在该球中的体积分表示,称这样的积分为推迟势.

综合上述分析,我们得到如下定理.

定理 3.2-1 如果 $\varphi \in C^3(R^3)$,$\psi \in C^2(R^3)$ 和 $f \in C^2\{R^3 \times [0,\infty)\}$,则三维非齐次波动方程初值问题方程式(3.2-21)的解 u 可以表示为

$$\begin{aligned} u(x,y,z,t) = {} & \frac{1}{4a^2\pi} \frac{\partial}{\partial t} \iint_{S^M_{at}} \frac{\varphi(\xi,\eta,\zeta)}{t} \mathrm{d}S + \frac{1}{4a^2\pi} \iint_{S^M_{at}} \frac{\psi(\xi,\eta,\zeta)}{t} \mathrm{d}S \\ & + \frac{1}{4a^2\pi} \iiint_{r \leqslant at} \frac{f(\xi,\eta,\zeta,t - \frac{r}{a})}{r} \mathrm{d}\xi\mathrm{d}\eta\mathrm{d}\zeta, \end{aligned} \quad (3.2\text{-}25)$$

式中,$r = \sqrt{(\xi - x)^2 + (\eta - y)^2 + (\zeta - z)^2}$.

方程式(3.2-25)称为初值问题方程式(3.2-21)解的基尔霍夫公式.

3.3 二维波动方程的初值问题与降维法

考虑二维齐次波动方程的初值问题

$$\begin{cases} u_{tt} = a^2(u_{xx} + u_{yy}), & (x,y) \in R^2, t > 0, \\ u\mid_{t=0} = \varphi(x,y), u_t\mid_{t=0} = \psi(x,y), & (x,y) \in R^2. \end{cases} \quad (3.3\text{-}1)$$

如果把定解问题中的未知函数及初始条件 $\varphi(x,y)$ 和 $\psi(x,y)$ 分别看成是关于空间变

量在三维空间上定义的函数，但与三维空间变量中的第三个变量无关，即三元函数 $\Phi(x, y, z) = \varphi(x, y)$，$\Psi(x, y, z) = \psi(x, y)$，那么容易得到三维波动方程初值问题

$$\begin{cases} U_{tt} = a^2(U_{xx} + U_{yy} + U_{zz}), & (x, y, z) \in R^3, t > 0, \\ U|_{t=0} = \Phi(x, y, z), U_t|_{t=0} = \Psi(x, y, z), & (x, y, z) \in R^3 \end{cases} \tag{3.3-2}$$

的解 U 与变量 z 无关，它是问题方程式(3.3-1)的解.这种利用高维波动方程定解问题的解得出低维波动方程相应定解问题的解的方法称为降维法.

定理3.3-1　如果 $\varphi \in C^3(R^2)$，$\psi \in C^2(R^2)$，则初值问题方程式(3.3-1)的解 u 可以表示为

$$u(x, y, t) = \frac{1}{2\pi a} \frac{\partial}{\partial t} \iint_{C_{at}^M} \frac{\varphi(\xi, \eta) \, d\xi d\eta}{\sqrt{a^2 t^2 - (\xi - x)^2 - (\eta - y)^2}}$$

$$+ \frac{1}{2\pi a} \iint_{C_{at}^M} \frac{\psi(\xi, \eta) \, d\xi d\eta}{\sqrt{a^2 t^2 - (\xi - x)^2 - (\eta - y)^2}}, \tag{3.3-3}$$

式中，C_{at}^M 是以 $M = M(x, y)$ 为中心，at 为半径的圆域，即

$$C_{at}^M = \{(\xi, \eta) \mid (\xi - x)^2 + (\eta - y)^2 \leqslant a^2 t^2\}.$$

证明　由泊松公式方程式(3.2-18)，初值问题方程式(3.3-2)的解为

$$U(x, y, z, t) = \frac{1}{4a^2\pi} \frac{\partial}{\partial t} \iint_{S_{at}^M} \frac{\Phi}{t} dS + \frac{1}{4a^2\pi t} \iint_{S_{at}^M} \Psi dS, \tag{3.3-4}$$

式中，球面为

$$S_{at}^M = \{(\xi, \eta, \zeta) \mid (\xi - x)^2 + (\eta - y)^2 + (\zeta - z)^2 = a^2 t^2\}.$$

由于 Φ 及 Ψ 只与 x、y 有关，而与 z 无关，因此，在球面上 S_{at}^M 的积分，可以化为它在超平面 z 为常数上的投影 C_{at}^M 上的积分.如图 3.3-1 所示，注意到上半球面为

$$S_1 : \zeta = z + \sqrt{a^2 t^2 - (\xi - x)^2 - (\eta - y)^2},$$

下半球面为

$$S_2 : \zeta = z - \sqrt{a^2 t^2 - (\xi - x)^2 - (\eta - y)^2}.$$

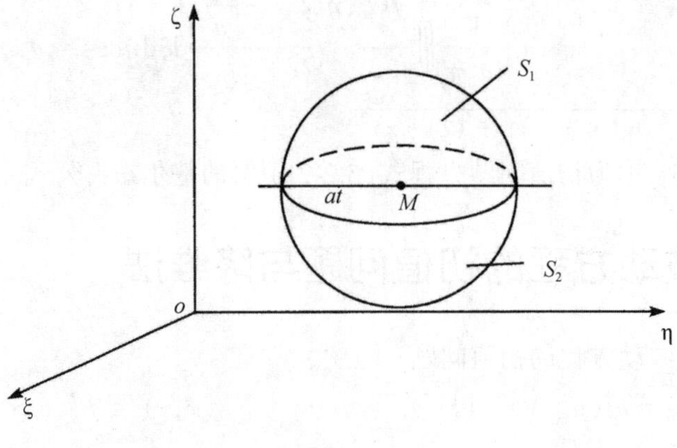

图 3.3-1

它们的面积元为

$$dS = \sqrt{1 + \zeta_\xi^2 + \zeta_\eta^2}\,d\xi d\eta = \frac{at\,d\xi d\eta}{\sqrt{a^2t^2 - (\xi - x)^2 - (\eta - y)^2}}. \tag{3.3-5}$$

再注意到,上、下半球面在 $\xi o\eta$ 平面上的投影区域均为 C_{at}^M,因此,在上、下半球面的积分可以化为同一圆域 C_{at}^M 上的积分.这样可以把解 $U(x,y,z,t)$ 表示为

$$U(x,y,z,t) = \frac{1}{2\pi a}\frac{\partial}{\partial t}\iint_{C_{at}^M}\frac{\varphi(\xi,\eta)\,d\xi d\eta}{\sqrt{a^2t^2 - (\xi - x)^2 - (\eta - y)^2}}$$
$$+ \frac{1}{2\pi a}\iint_{C_{at}^M}\frac{\psi(\xi,\eta)\,d\xi d\eta}{\sqrt{a^2t^2 - (\xi - x)^2 - (\eta - y)^2}}, \tag{3.3-6}$$

它确实与 z 无关.因此,方程式(3.3-6) 是二维波动方程初值问题方程式(3.3-1) 的解,即

$$U(x,y,z,t) = u(x,y,t).$$

在方程式(3.3-6) 中,利用极坐标变换 $\xi = x + r\cos\theta, \eta = y + r\sin\theta$,得到初值问题方程式(3.3-1) 的解为

$$u(x,y,t) = \frac{1}{2\pi a}\frac{\partial}{\partial t}\int_0^{at}\int_0^{2\pi}\frac{\phi(x + r\cos\theta, y + r\sin\theta)}{\sqrt{a^2t^2 - r^2}}r\,d\theta dr$$
$$+ \frac{1}{2\pi a}\int_0^{at}\int_0^{2\pi}\frac{\psi(x + r\cos\theta, y + r\sin\theta)}{\sqrt{a^2t^2 - r^2}}r\,d\theta dr \tag{3.3-7}$$

方程式(3.3-7)〔或者方程式(3.3-3)〕称为二维波动方程的初值问题方程式(3.3-1) 的泊松公式.对于非齐次二维波动方程的初值问题

$$\begin{cases} u_{tt} = a^2(u_{xx} + u_{yy}) + f(x,y,t), & (x,y) \in R^2, t > 0, \\ u\,|_{t=0} = \varphi(x,y), u_t\,|_{t=0} = \psi(x,y), & (x,y) \in R^2. \end{cases} \tag{3.3-8}$$

利用叠加原理和齐次化原理,可以得到其解为

$$u(x,y,t) = \frac{1}{2\pi a}\frac{\partial}{\partial t}\iint_{C_{at}^M}\frac{\varphi(\xi,\eta)\,d\xi d\eta}{\sqrt{a^2t^2 - (\xi - x)^2 - (\eta - y)^2}}$$
$$+ \frac{1}{2\pi a}\iint_{C_{at}^M}\frac{\psi(\xi,\eta)\,d\xi d\eta}{\sqrt{a^2t^2 - (\xi - x)^2 - (\eta - y)^2}} \tag{3.3-9}$$
$$+ \frac{1}{2\pi a}\int_0^{at}\iint_{C_{at}^M}\frac{f(\xi,\eta,t - \frac{\tau}{a})\,d\xi d\eta d\tau}{\sqrt{\tau^2 - (\xi - x)^2 - (\eta - y)^2}},$$

式中,

$$C_\tau^M = \{(\xi,\eta) \mid (\xi - x)^2 + (\eta - y)^2 \leqslant \tau^2\}.$$

利用极坐标和引入 $\tau = a(t - s)$,那么

$$u(x,y,t) = \frac{1}{2\pi a}\frac{\partial}{\partial t}\int_0^{at}\int_0^{2\pi}\frac{\varphi(x + r\cos\theta, y + r\sin\theta)}{\sqrt{a^2t^2 - r^2}}r\,d\theta dr$$
$$+ \frac{1}{2\pi a}\frac{\partial}{\partial t}\int_0^{at}\int_0^{2\pi}\frac{\psi(x + r\cos\theta, y + r\sin\theta)}{\sqrt{a^2t^2 - r^2}}r\,d\theta dr$$

$$+ \frac{1}{2\pi a} \int_0^t \int_0^{2\pi} \int_0^{a(t-s)} \frac{f(x + r\cos\theta, y + r\sin\theta, s)}{\sqrt{a^2(t-s)^2 - r^2}} r\mathrm{d}\theta\mathrm{d}r\mathrm{d}s. \tag{3.3-10}$$

可以证明当 $\varphi \in C^3(R^2), \psi \in C^2(R^2), f \in C^2\{R^2 \times [0,\infty)\}$ 时，初值问题方程式（3.3-8）存在解方程式（3.3-9）或方程式（3.3-10）.

类似的，利用降维法可以从三维波动方程初值问题的求解公式，推出一维波动方程初值问题的达朗贝尔公式.作为习题，留给读者完成.

下面考虑解方程式（3.3-3）的物理意义.

设初始扰动在 xoy 平面区域 S 内，即在 S 内，$\varphi \neq 0, \psi \neq 0$；在 S 外，$\varphi \equiv 0, \psi \equiv 0$.考查平面区域 S 外的点 $M = M(x,y)$ 处，在时刻 t 的状态 $u(M,t) = u(x,y,t)$.由泊松公式方程式（3.3-3）知道，求解 $u(M,t)$ 依赖于以 M 为中心，at 为半径的圆域 C_{at}^M 上的初始函数.设 d 和 D 分别为点 M 到区域 S 的最近和最远距离（如图 3.3-2 所示）.

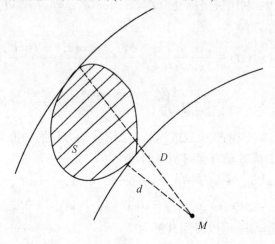

图 3.3-2

那么

（1）当 $at < d$ 时，即 $0 \leq t < \dfrac{d}{a}$ 时，积分区域 C_{at}^M 与初始扰动区域 S 没有相交，此时 $u = 0$.表明处于静止状态，扰动还未到达点 M.

（2）当 $d \leq at \leq D$ 时，即 $\dfrac{d}{a} \leq t \leq \dfrac{D}{a}$ 时，积分区域 C_{at}^M 与初始扰动区域 S 相交，$u \neq 0$，扰动到达点 M.

（3）当 $at > D$ 时，即 $t > \dfrac{D}{a}$ 时，表明积分区域 C_{at}^M 包含了扰动区域 S，$u \neq 0$.这种现象称为有后效.即在二维波动方程的初值问题的解，局部范围内的初始扰动，具有长期的连续的后效特性.扰动有清晰的"前锋"，但没有"阵尾".它称为波的弥散，或者称为有后效现象.一般这种波开始比较强，然后自某时刻起逐渐减少.它与三维空间波的传播是不一样的.由此不难得出，不能利用平面波来传递信息.

由于平面上以点 (x,y) 为中心、半径为 r 的圆周方程 $(x-\xi)^2 + (y-\eta)^2 = r^2$ 在空间坐

标系内表示母线平行于 z 轴的直圆柱面,所以在过点 (x,y) 平行于 z 轴的无限长的直线上的初始扰动,在时间 t 后的影响是在以该直线为轴,at 为半径的圆柱面内,因此解方程式 (3.3-3) 称为柱面波.

3.4　依赖区域、决定区域、影响区域和特征锥

对于一维波动方程的初值问题,利用达朗贝尔公式解释了解的依赖区间、决定区域和影响区域的概念.对于二维和三维波动方程的初值问题,也有同样的概念.为方便起见,我们把二维和三维的情况对照叙述如下:

3.4.1　依赖区域

在二维情形下,任取一点 $M_0 = M_0(x_0,y_0,t_0)$,$t_0 > 0$,由二维齐次波动方程的初值问题方程式(3.3-1) 解的泊松公式方程式(3.3-3) 得

$$u(x_0,y_0,t_0) = \frac{1}{2\pi a}\frac{\partial}{\partial t}\int_0^{at_0}\int_0^{2\pi}\frac{\varphi(x_0 + r\cos\theta, y_0 + r\sin\theta)}{\sqrt{(at_0)^2 - r^2}}rd\theta dr$$

$$\qquad\qquad + \frac{1}{2\pi a}\int_0^{at_0}\int_0^{2\pi}\frac{\psi(x_0 + r\cos\theta, y_0 + r\sin\theta)}{\sqrt{(at_0)^2 - r^2}}rd\theta dr. \qquad (3.4\text{-}1)$$

由此可见,解 u 在 $M_0(x_0,y_0,t_0)$ 上的值依赖于初值函数 $\varphi(x,y)$、$\psi(x,y)$ 在圆域

$$C_{at_0}^{M_0} = \{(x,y)\,|\,(x - x_0)^2 + (y - y_0)^2 \leqslant (at_0)^2\} \qquad (3.4\text{-}2)$$

上的值,而与 φ 和 ψ 在圆外的值无关.圆域 $C_{at_0}^{M_0}$ 称为点 $M_0(x_0,y_0,t_0)$ 的依赖区域.它可看作锥体

$$K_1 = \{(x,y,t)\,|\,(x - x_0)^2 + (y - y_0)^2 \leqslant a^2(t_0 - t)^2, 0 \leqslant t \leqslant t_0\} \qquad (3.4\text{-}3)$$

与平面 $t = 0$ 相交截得的圆域(如图 3.4-1 所示).

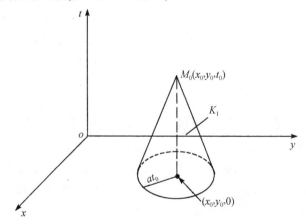

图 3.4-1

在三维情形下,任取一点 $M_0(x_0,y_0,z_0,t_0)$,$t_0 > 0$.由三维齐次波动方程的初值问题方程

式（3.2-1）解的泊松公式方程式（3.2-18）可知,它的依赖区域是球面

$$S_{at_0}^{M_0} = \{(x,y,z) \mid (x - x_0)^2 + (y - y_0)^2 + (z - z_0)^2 = a^2 t_0^2\}. \tag{3.4-4}$$

它可看作锥面

$$K_2 = \{(x,y,z,t) \mid (x - x_0)^2 + (y - y_0)^2 + (z - z_0)^2 = a^2(t_0 - t)^2, 0 \leq t \leq t_0\} \tag{3.4-5}$$

与超平面 $t = 0$ 相交所截得的球面.

3.4.2 决定区域

在二维情形下,对于锥体[方程式（3.4-3）]中任何一点 $M_1(x_1,y_1,t_1)$,其解 $u(x_1,y_1,t_1)$ 的依赖区域 $C_{a(t_0-t_1)}^{M_1}$ 都包含在圆域 $C_{at_0}^{M_0}$ 内.因此圆域 $C_{at_0}^{M_0}$ 就决定了锥体 K_1 中每一点上解 $u(x,y,t)$ 的值.锥体 K_1 称为圆域 $C_{at_0}^{M_0}$ 的决定区域.

类似地,在三维情形下,给定球域

$$B_{at_0}^{M_0} = \{(x,y,z) \mid (x - x_0)^2 + (y - y_0)^2 + (z - z_0)^2 \leq a^2 t_0^2\}. \tag{3.4-6}$$

称 (x,y,z,t) 空间的锥体域

$$K_3 = \{(x,y,z,t) \mid (x - x_0)^2 + (y - y_0)^2 + (z - z_0)^2 \leq a^2(t_0 - t)^2, 0 \leq t \leq t_0\}. \tag{3.4-7}$$

为球域 $B_{at_0}^{M_0}$ 的决定区域.解在锥体域 K_3 内任何一点的值 $u(x,y,z,t)$ 都由球域 $B_{at_0}^{M_0}$ 上的初值所决定.

例 3.4-1 在 $t = 0$ 平面上以 $(0,0)$ 点为圆心,1 为半径的圆域内给定函数 φ 和 ψ 的值,能否决定初值问题

$$\begin{cases} u_{tt} = u_{xx} + u_{yy}, & (x,y) \in R^2, t > 0, \\ u(x,y,0) = \varphi(x,y), u_t(x,y,0) = \psi(x,y), & (x,y) \in R^2 \end{cases}$$

的解 u 在 $(x,y,t) = (1/2, \sqrt{3}/2, 1/2)$ 这点的值? 试说明理由.

解 因为在 $t = 0$ 平面上以 $(0,0)$ 点为圆心,1 为半径的圆域的决定区域是 $x^2 + y^2 \leq (1 - t)^2, 0 \leq t \leq 1$.点 $(x,y,t) = (1/2, \sqrt{3}/2, 1/2)$ 不满足上述不等式,故不能决定解在这点的值.

3.4.3 影响区域

在二维情形下,在初始平面 $t = 0$ 上任取一点 $(x_0,y_0,0)$ 作一锥体域（如图 3.4-2 所示）

$$K_4 = \{(x,y,t) \mid (x - x_0)^2 + (y - y_0)^2 \leq a^2 t^2, t \geq 0\}. \tag{3.4-8}$$

锥体域 K_4 中任何一点 (x,y,t),其依赖区域都包括点 $(x_0,y_0,0)$,即解受到 $(x_0,y_0,0)$ 上定义的初值 $\varphi(x_0,y_0)$ 和 $\psi(x_0,y_0)$ 的影响,而 K_4 外任何一点的依赖区域都不包含点 $(x_0,y_0,0)$.称锥体域 K_4 为点 $(x_0,y_0,0)$ 的影响区域.

类似地,锥面

$$K_5 = \{(x,y,z,t) \mid (x - x_0)^2 + (y - y_0)^2 + (z - z_0)^2 = a^2(t_0 - t)^2, t \geq 0\} \tag{3.4-9}$$

称为点 $(x_0,y_0,z_0,0)$ 的影响区域,即点 $(x_0,y_0,z_0,0)$ 处给定的初值只影响到解 u 在 K_5 上的

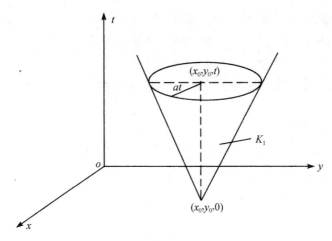

图 3.4-2

点的取值,而不影响解 u 在 K_5 外的点的取值.

3.4.4 特征锥

以点 (x_0, y_0, t_0), $t_0 > 0$ 为顶点的圆锥面

$$(x - x_0)^2 + (y - y_0)^2 = a^2 (t_0 - t)^2, 0 \leq t \leq t_0 \tag{3.4-10}$$

称为二维波动方程的特征锥.以点 (x_0, y_0, z_0, t_0), $t_0 > 0$ 为顶点的锥面

$$(x - x_0)^2 + (y - y_0)^2 + (z - z_0)^2 = a^2 (t_0 - t)^2, 0 \leq t \leq t_0 \tag{3.4-11}$$

称为三维波动方程的特征锥.

从以上分析可以看出,特征锥在波动方程初值问题解的依赖区域、决定区域和影响区域中起着重要作用.

习题

1.求下列初值问题的解

(1) $\begin{cases} u_{tt} - a^2 u_{xx} = 0, & -\infty < x < +\infty, t > 0, \\ u(x,0) = \sin x, u_t(x,0) = x^2, & -\infty < x < +\infty. \end{cases}$

(2) $\begin{cases} u_{tt} - a^2 u_{xx} = 1, & -\infty < x < +\infty, t > 0, \\ u(x,0) = x^2, u_t(x,0) = 1, & -\infty < x < +\infty. \end{cases}$

2.先求出半无界区域上波动方程的定解问题

$$\begin{cases} u_{tt} - u_{xx} = 0, & 0 < x < +\infty, t > 0, \\ u(x,0) = u_t(x,0) = 0, & 0 \leq x < +\infty, \\ u(0,t) = \dfrac{t}{t+1}, & t \geq 0 \end{cases}$$

的解 $u = u(x,t)$.然后证明对任意 $c > 0$,极限 $\lim\limits_{x \to +\infty} u(cx, x)$ 存在并求出该极限.

3.求下列二阶线性偏微分方程定解问题的解

$$\begin{cases} u_{xx} + 2u_{xy} - 3u_{yy} = 0, & -\infty < x < +\infty, y > 0, \\ u(x,0) = \sin x, u_y(x,0) = x, & -\infty < x < +\infty. \end{cases}$$

4.半无界弦的初始位移和初始速度都为0,端点振动规律为 $u_x(0,t) = A\sin\omega t$,求解半无界弦的振动规律.

5.利用泊松公式求解下列三维波动方程柯西问题

$$\begin{cases} u_{tt} = a^2(u_{xx} + u_{yy} + u_{zz}), & (x,y,z) \in R^3, t > 0, \\ u\mid_{t=0} = x + 2y, u_t\mid_{t=0} = 0, & (x,y,z) \in R^3. \end{cases}$$

6.利用降维法求解一维波动方程柯西问题

$$\begin{cases} u_{tt} = a^2 u_{xx}, & -\infty < x < +\infty, t > 0, \\ u(x,0) = \varphi(x), u_t(x,0) = \psi(x), & -\infty \leqslant x < +\infty. \end{cases}$$

7.利用齐次化原理导出二维非齐次波动方程

$$u_{tt} = a^2(u_{xx} + u_{yy}) + f(x,y,t), (x,y) \in R^2, t > 0,$$

在初始条件 $u(x,y,0) = u_t(x,y,0) = 0$ 下的求解公式.

8.设 $\varphi_1, \varphi_2 \in C^2, \psi_1, \psi_2 \in C^1$,利用叠加原理和达朗贝尔公式,证明二维波动方程初值问题

$$\begin{cases} u_{tt} = a^2(u_{xx} + u_{yy}), & (x,y) \in R^2, t > 0, \\ u(x,y,0) = \varphi_1(x) + \varphi_2(y), & (x,y) \in R^2, \\ u_t(x,y,0) = \psi_1(x) + \psi_2(y), & (x,y) \in R^2 \end{cases}$$

的解是

$$u(x,y,t) = \frac{1}{2}\big[\varphi_1(x + at) + \varphi_1(x - at) + \varphi_2(y + at) + \varphi_2(y - at)\big]$$

$$+ \frac{1}{2a}\int_{x-at}^{x+at}\psi_1(\xi)\,\mathrm{d}\xi + \frac{1}{2a}\int_{y-at}^{y+at}\psi_2(\xi)\,\mathrm{d}\xi.$$

9.利用叠加原理,求下列二维波动方程初值问题的解

$$\begin{cases} u_{tt} = u_{xx} + u_{yy} + t\sin y, & (x,y) \in R^2, t > 0, \\ u(x,y,0) = x^2, u_t(x,y,0) = \sin y, & (x,y) \in R^2. \end{cases}$$

10.利用泊松公式,求下列三维波动方程初值问题的解 $u = u(x,y,z,t)$.

（1） $$\begin{cases} u_{tt} = a^2(u_{xx} + u_{yy} + u_{zz}), & (x,y,z) \in R^3, t > 0, \\ u(x,y,z,0) = x^3 + y^2 z, u_t(x,y,z,0) = 0, & (x,y,z) \in R^3. \end{cases}$$

（2） $$\begin{cases} u_{tt} = u_{xx} + u_{yy} + u_{zz} + 2(y - t), & (x,y,z) \in R^3, t > 0, \\ u(x,y,z,0) = x + z, u_t(x,y,z,0) = x^2 + yz, & (x,y,z) \in R^3. \end{cases}$$

11.证明方程

$$\left(1 - \frac{x}{h}\right)^2 \frac{\partial^2 u}{\partial t^2} = a^2 \frac{\partial}{\partial x}\left[\left(1 - \frac{x}{h}\right)^2 \frac{\partial u}{\partial x}\right]$$

的通解可以表示成

$$u(x,t) = \frac{F(x + at) + G(x - at)}{h - x},$$

式中, $h, a > 0$ 为常数, F, G 为任意二阶连续可微函数; 并由此求解在区域 $D = \{(x,t) \mid -\infty < x < +\infty, t > 0\}$ 内的初值问题

$$u(x,0) = \varphi(x), u_t(x,0) = \psi(x), \quad -\infty < x < +\infty$$

的解, 式中, $\varphi(x), \psi(x)$ 为已知二阶连续可微函数.

12. 假设函数 $f(x,t)$、$\varphi(x)$ 和 $\psi(x)$ 关于变量 x 是奇函数(或者周期为 L 的函数), 则初值问题方程式(3.1-8) 的解 $u(x,t)$ 关于 x 也是奇函数(或者周期为 L 的函数).

第4章 混合问题的分离变量法

分离变量法是求解线性偏微分方程定解问题的最常用、最基本的方法，它适用于各种类型的线性偏微分方程，其基本思想是将多元函数转化为一元函数，将偏微分方程转化为常微分方程进行求解.它的数学基础是常微分方程的特征值理论与线性方程解的叠加原理.

在求解线性常系数常微分方程的初值问题时，常常先求出足够数量的特解，然后利用线性叠加原理，通过这些特解的线性组合得到通解，再使之满足给定的初始条件得到所求.这就启发我们在求解线性常系数偏微分方程定解问题时，可先求出满足泛定方程和边界条件的足够数量的特解，然后利用叠加原理，使之满足其他定解条件，如初始条件，从而得到原定解问题的解.这正是分离变量法的解题思路.

4.1 齐边值问题的分离变量法

4.1.1 直角坐标系下齐边值问题的分离变量法

例 4.1-1 设长度为 L 的弦，两端固定，做微小横向振动.已知初始位移为 $\varphi(x)$，初速度为 $\psi(x)$，试求弦的振动规律.

解 这个物理问题可归结为求解如下定解问题

$$\begin{cases} u_{tt} = a^2 u_{xx}, & 0 < x < L, t > 0, \\ u(x,0) = \varphi(x), u_t(x,0) = \psi(x), & 0 \leqslant x \leqslant L, \\ u(0,t) = u(L,t) = 0, & t \geqslant 0, \end{cases} \tag{4.1-1}$$

式中，$u(x,t)$ 表示弦在位置 x，t 时刻的位移.

第一步：变量分离

设方程式（4.1-1）有非零的变量分离解 $u(x,t) = X(x)T(t) \neq 0$.将其代入到方程式（4.1-1）中的方程，得

$$X(x)T''(t) = a^2 X''(x)T(t),$$

即

$$\frac{T''(t)}{a^2 T(t)} = \frac{X''(x)}{X(x)} = -\lambda.$$

由于上式左边是 t 的函数，右边是 x 的函数，若相等，则必为常数，记作 $-\lambda$.于是，得到关于 $T(t)$ 和 $X(x)$ 的两个常微分方程

$$T''(t) + \lambda a^2 T(t) = 0, \qquad (4.1\text{-}2)$$

$$X''(x) + \lambda X(x) = 0. \qquad (4.1\text{-}3)$$

由方程式(4.1-1)中的边界条件,得

$$X(0)T(t) = X(L)T(t) = 0,$$

因为 $T(t) \neq 0$,所以

$$X(0) = X(L) = 0. \qquad (4.1\text{-}4)$$

第二步:解特征值问题

求解由方程式(4.1-3)和方程式(4.1-4)组成的常微分方程的边值问题,即求解

$$\begin{cases} X''(x) + \lambda X(x) = 0, 0 < x < L, \\ X(0) = X(L) = 0, \end{cases} \qquad (4.1\text{-}5)$$

式中, λ 为待定常数.使该问题有非零解的 λ 值,称为特征值(或固有值或本征值),而与 λ 值相应的非零解称为特征函数(或固有函数或本征函数).

下面求定解问题方程式(4.1-5)的非零解.

(1)当 $\lambda < 0$ 时,方程式(4.1-5)中方程的通解为

$$X(x) = C_1 e^{\sqrt{-\lambda} x} + C_2 e^{-\sqrt{-\lambda} x},$$

式中, C_1、C_2 为任意常数.由方程式(4.1-5)中的边界条件,得

$$X(0) = C_1 + C_2 = 0, X(L) = C_1 e^{\sqrt{-\lambda} L} + C_2 e^{-\sqrt{-\lambda} L} = 0.$$

解得 $C_1 = C_2 = 0$.所以当 $\lambda < 0$ 时, $X(x) \equiv 0$.因此, λ 小于零时,没有非零解.

(2)当 $\lambda = 0$ 时,定解问题方程式(4.1-5)中方程的通解为

$$X(x) = C_1 x + C_2.$$

由边界条件 $X(0) = X(L) = 0$,得 $C_1 = C_2 = 0$,所以 $X(x) \equiv 0$.同样,此时,也没有所需要的非零解.

(3)当 $\lambda > 0$ 时,定解问题方程式(4.1-5)中方程的通解为

$$X(x) = C_1 \cos \sqrt{\lambda} x + C_2 \sin \sqrt{\lambda} x.$$

代入边界条件 $X(0) = 0$,得 $C_1 = 0$.又由 $X(L) = 0$,得 $C_2 \sin \sqrt{\lambda} L = 0$,而 $C_2 \neq 0$;否则没有非零解,因此 $\sin \sqrt{\lambda} L = 0$,于是所求的特征值为

$$\lambda = \lambda_n = \left(\frac{n\pi}{L}\right)^2, n = 1, 2, \cdots, \qquad (4.1\text{-}6)$$

对应 λ_n 的特征函数为

$$X_n(x) = C_n \sin \frac{n\pi x}{L}, n = 1, 2, \cdots. \qquad (4.1\text{-}7)$$

将特征值 λ_n 代入方程式(4.1-2),得

$$T''_n(t) + \lambda_n a^2 T(t) = 0, \qquad (4.1\text{-}8)$$

其通解为

$$T_n(t) = A_n \cos \frac{n\pi a t}{L} + B_n \sin \frac{n\pi a t}{L}. \qquad (4.1\text{-}9)$$

于是,得到满足定解问题方程式(4.1-1)中方程和边界条件的变量分离特解

$$u_n(x,t) = \left(a_n \cos\frac{n\pi at}{L} + b_n \sin\frac{n\pi at}{L}\right) \sin\frac{n\pi x}{L}, \tag{4.1-10}$$

式中, $a_n = A_n C_n$、$b_n = B_n C_n$ 为任意常数, $n = 1,2,\cdots$

第三步: 特解 $u_n(x,t)$ 的叠加

为了求得定解问题方程式(4.1-1)的解, 把形如方程式(4.1-10)的函数 $u_n(x,t)$ 叠加起来, 得

$$u(x,t) = \sum_{n=1}^{\infty} u_n(x,t) = \sum_{n=1}^{\infty}\left(a_n \cos\frac{n\pi at}{L} + b_n \sin\frac{n\pi at}{L}\right)\sin\frac{n\pi x}{L}. \tag{4.1-11}$$

如果方程式(4.1-11)右端级数是收敛的, 而且关于 x 和 t 都能逐项微分两次, 则 $u(x,t)$ 也满足方程式(4.1-1)中的齐次方程和齐次边界条件.

第四步: 系数 a_n、b_n 的确定

接下来选择适当的系数 a_n、b_n, 使 $u(x,t)$ 也满足定解问题方程式(4.1-1)中的初始条件. 由于

$$\varphi(x) = u(x,0) = \sum_{n=1}^{\infty} a_n \sin\frac{n\pi x}{L}$$

和

$$\psi(x) = u_t(x,0) = \sum_{n=1}^{\infty} b_n \frac{n\pi a}{L}\sin\frac{n\pi x}{L},$$

它们可以看作是 $\varphi(x)$、$\psi(x)$ 在 $[0,L]$ 上的傅里叶正弦级数. 因此, 我们有

$$\begin{cases} a_n = \dfrac{2}{L}\displaystyle\int_0^L \varphi(x)\sin\dfrac{n\pi x}{L}\mathrm{d}x, \\[2mm] b_n = \dfrac{2}{n\pi a}\displaystyle\int_0^L \psi(x)\sin\dfrac{n\pi x}{L}\mathrm{d}x, \end{cases} \quad n = 1,2,\cdots. \tag{4.1-12}$$

将 a_n、b_n 代入到方程式(4.1-11)就得到一个确定的级数解.

这种形式上推导原定解问题解的表达式的过程称为分析过程. 这个解是否满足定解问题, 还必须进行检验证明.

第五步: 解的存在性

我们用分离变量方法和叠加原理得到了定解问题方程式(4.1-1)的一个级数形式解方程式(4.1-11). 这样得到的用级数表示的函数 $u(x,t)$ 要有意义, 方程式(4.1-11)右边的级数必须收敛和满足定解问题方程式(4.1-1)中的方程. 这就要求该级数关于 x 和 t 可逐项微分两次, 并且微分两次后的级数仍然一致收敛. 当然, 还必须满足边值条件和初值条件. 通常将这样的解称为古典解.

对定解问题方程式(4.1-1), 有下列定理(证明略)

定理 4.1-1 (古典解的存在定理) 若函数 $\varphi(x) \in C^3[0,L]$, $\psi(x) \in C^2[0,L]$ 且满足相容性条件: $\varphi(0) = \varphi(L) = \varphi''(0) = \varphi''(L) = \psi(0) = \psi(L) = 0$, 则弦振动定解问题方程式(4.1-1)存在古典解, 且可以用级数方程式(4.1-11)给出, 其中系数 a_n, b_n 由方程式(4.1-12)确定.

注意 用分离变量法得到的定解问题的解一般是无穷级数, 不过, 在具体问题中, 级数

里常常只有前若干项较为重要,后面的项则迅速减小,从而可以一概略去.

例 4.1-2   求解长度为 L 的均匀细导热杆在第二类齐次边界条件下的定解问题

$$\begin{cases} u_t = a^2 u_{xx}, & 0 < x < L, t > 0, \\ u_x(0,t) = u_x(L,t) = 0, \\ u(x,0) = \varphi(x). \end{cases} \tag{4.1-13}$$

解   令 $u(x,t) = X(x)T(t) \neq 0$,代入方程中,有

$$T'(t)X(x) - a^2 T(t)X''(x) = 0,$$

用 $X(x)T(t)$ 除以上式两边并移项得

$$\frac{X''}{X} = \frac{T'}{a^2 T} = -\lambda.$$

因此,分离变量得到两个常微分方程

$$T' + a^2 \lambda T = 0, \tag{4.1-14}$$
$$X'' + \lambda X = 0. \tag{4.1-15}$$

考虑到边界条件 $X'(0) = 0, X'(L) = 0$,得特征值问题

$$\begin{cases} X''(x) + \lambda X(x) = 0, & 0 < x < L, \\ X'(0) = X'(L) = 0. \end{cases} \tag{4.1-16}$$

与例 4.1-1 中的特征值问题类似,讨论当 $\lambda < 0$ 时,上述问题只有零解.当 $\lambda = 0$ 时,方程式(4.1-16) 有非零常数解 $X_0(x) = A_0 \neq 0$.当 $\lambda > 0$ 时,边值问题方程式(4.1-16) 中方程的通解为

$$X(x) = A\cos\sqrt{\lambda}x + B\sin\sqrt{\lambda}x.$$

由边界条件 $X'(0) = 0$,得 $B = 0$.又由 $X'(L) = 0$ 得 $A\sin\sqrt{\lambda}L = 0$.因为,$A \neq 0$[否则 $X(x) \equiv 0$,此时原定解问题亦无非零解],所以 $\sin\sqrt{\lambda}L = 0$,于是 $\lambda = \left(\frac{n\pi}{L}\right)^2, n = 1,2,\cdots$ 综合上述,得到一列特征值和对应的特征函数

$$\lambda_n = \left(\frac{n\pi}{L}\right)^2, X_n(x) = A_n\cos\frac{n\pi x}{L}, \quad n = 0,1,2,\cdots$$

将特征值 λ_n 代入方程式(4.1-14) 中,相应的得到 $T' + a^2\left(\frac{n\pi}{L}\right)^2 = 0$,解得 $T_n(t) = C_n\mathrm{e}^{-\left(\frac{n\pi a}{L}\right)^2 t}$,

于是得到特解 $u_n(x,t) = C_n\mathrm{e}^{-\left(\frac{n\pi a}{L}\right)^2 t}\cos\frac{n\pi}{L}x.$

由于定解问题是线性的,所以,把所有特解叠加可得到通解

$$u(x,t) = \sum_{n=0}^{\infty} C_n\mathrm{e}^{-\left(\frac{n\pi a}{L}\right)^2 t}\cos\frac{n\pi}{L}x = C_0 + \sum_{n=1}^{\infty} C_n\mathrm{e}^{-\left(\frac{n\pi a}{l}\right)^2 t}\cos\frac{n\pi}{L}x, \tag{4.1-17}$$

式中,系数 C_n 是待定的.代入初始条件,得

$$u(x,0) = C_0 + \sum_{n=1}^{\infty} C_n\cos\frac{n\pi}{L}x = \varphi(x),$$

把 $\varphi(x)$ 按三角函数系 $\cos\dfrac{n\pi}{L}x$ 展成傅里叶余弦级数,并对比上式两边系数,可得

$$C_0 = \frac{1}{L}\int_0^L \varphi(\zeta)\,\mathrm{d}\zeta,$$

$$C_n = \frac{2}{L}\int_0^L \varphi(\zeta)\cos\frac{n\pi}{L}\zeta\,\mathrm{d}\zeta, n = 1,2,\cdots \tag{4.1-18}$$

将系数 C_0、C_n 代入到通解中,便得所求的级数形式解.

例4.1-3 求解下列边值问题

$$\begin{cases} \Delta u = u_{xx} + u_{yy} = 0, & 0 < x < a, 0 < y < b, \\ u(x,0) = f(x), u(x,b) = g(x), & 0 \leqslant x \leqslant a, \\ u_x(0,y) = u_x(a,y) = 0, & 0 \leqslant y \leqslant b, \end{cases} \tag{4.1-19}$$

式中,$f(x)$、$g(x)$ 是给定的已知函数.

解 设 $u = X(x)Y(y) \neq 0$,代入到方程式(4.1-19)中,得

$$\frac{X''(x)}{X(x)} = -\frac{Y''(y)}{Y(y)} = -\lambda,$$

由此得

$$Y''(y) - \lambda Y(y) = 0, 0 < y < b \tag{4.1-20}$$

和

$$X''(x) + \lambda X(x) = 0, 0 < x < a. \tag{4.1-21}$$

由边值问题方程式(4.1-19)中的齐次边界条件,得

$$X'(0) = X'(a) = 0. \tag{4.1-22}$$

由方程式(4.1-21)和方程式(4.1-22)构成的特征值问题,同例4.1-2中的特征值问题方程式(4.1-16),其特征值和对应的特征函数为

$$\lambda = \lambda_n = \left(\frac{n\pi}{a}\right)^2, X(x) = X_n(x) = A_n\cos\frac{n\pi}{a}x, A_n \neq 0, n = 0,1,2,\cdots \tag{4.1-23}$$

将 $\lambda = \lambda_n = \left(\dfrac{n\pi}{a}\right)^2$ 代入方程式(4.1-20)得

$$Y''(y) - \left(\frac{n\pi}{a}\right)^2 Y(y) = 0, 0 < y < b, \tag{4.1-24}$$

其通解为

$$Y_0(y) = C_0 y + D_0, Y_n(y) = C_n \mathrm{e}^{\frac{n\pi y}{a}} + D_n \mathrm{e}^{-\frac{n\pi y}{a}}, n = 1,2,\cdots \tag{4.1-25}$$

利用线性叠加原理,得边值问题方程式(4.1-19)的形式解

$$u(x,y) = \sum_{n=0}^{\infty} X_n(x)Y_n(y) = a_0 + b_0 y + \sum_{n=1}^{\infty}\left(a_n \mathrm{e}^{\frac{n\pi y}{a}} + b_n \mathrm{e}^{-\frac{n\pi y}{a}}\right)\cos\frac{n\pi x}{a}. \tag{4.1-26}$$

式中,系数 a_0、b_0、a_n、b_n 是待定的.代入方程式(4.1-19)中的非齐次边界条件,得

$$f(x) = u(x,0) = a_0 + \sum_{n=1}^{\infty}(a_n + b_n)\cos\frac{n\pi}{a}x,$$

$$g(x) = u(x,b) = a_0 + bb_0 + \sum_{n=1}^{\infty} \left(a_n \mathrm{e}^{\frac{n\pi b}{a}} + b_n \mathrm{e}^{-\frac{n\pi b}{a}} \right) \cos \frac{n\pi x}{a}.$$

解得

$$
\begin{aligned}
&a_0 = \frac{1}{a} \int_0^a f(x)\,\mathrm{d}x, \\
&a_0 + bb_0 = \frac{1}{a} \int_0^a g(x)\,\mathrm{d}x, \\
&a_n + b_n = \frac{2}{a} \int_0^a f(x) \cos \frac{n\pi x}{a}\,\mathrm{d}x, \\
&a_n \mathrm{e}^{\frac{n\pi b}{a}} + b_n \mathrm{e}^{-\frac{n\pi b}{a}} = \frac{2}{a} \int_0^a g(x) \cos \frac{n\pi x}{a}\,\mathrm{d}x.
\end{aligned}
\tag{4.1-27}
$$

从中可以定出 a_n、$b_n(n = 0,1,2,\cdots)$,从而得到边值问题方程式(4.1-19)的级数形式解方程式(4.1-26).

作为一个例子,我们取 $a = b = \pi$, $f(x) = x$, $g(x) = 0$,则 $a_0 = \frac{1}{\pi} \int_0^\pi x\,\mathrm{d}x = \frac{\pi}{2}$ 及

$$
\begin{aligned}
&a_0 + b_0 \pi = 0, \\
&a_n \mathrm{e}^{n\pi} + b_n \mathrm{e}^{-n\pi} = 0, \\
&a_n + b_n = \frac{2}{\pi} \int_0^\pi x \cos nx\,\mathrm{d}x = \frac{2}{n^2 \pi} \left[(-1)^n - 1 \right].
\end{aligned}
$$

解得

$$
\begin{aligned}
&b_0 = -\frac{1}{2}, \\
&a_n = \frac{2 \left[(-1)^n - 1 \right]}{\pi n^2 (1 - \mathrm{e}^{2n\pi})}, \\
&b_n = -a_n \mathrm{e}^{2n\pi}, \qquad\qquad n = 1,2,\cdots
\end{aligned}
$$

代入到方程式(4.1-26),得到所求的解为

$$u(x,y) = \frac{1}{2}(\pi - y) + \frac{2}{\pi} \sum_{n=1}^{\infty} \frac{\left[(-1)^n - 1 \right]}{n^2} \frac{\sinh n(\pi - y)}{\sinh n\pi} \cos nx.$$

以上通过三个例题讲解了一维振动方程、一维热传导方程和二维拉普拉斯方程在第一、二类齐次边界条件下的分离变量解法,至于第三类边界条件的情况,可参看谷超豪等编写的《数学物理方程》一书中的相关内容.

对一些特殊区域中的高维波动方程的初边值问题可以通过多次分离变量法求出其解的表达式.如下面的例子.

例 4.1-4 设边界固定,均匀且柔软的矩形膜,其长度为 a,宽度为 b,做微小横向振动,初始位移为 $\varphi(x,y)$,初始速度为 $\psi(x,y)$.求此膜做自由振动的规律.

解　设 $u = u(x,y,t)$ 为膜在位置 (x,y)、t 时刻的位移,c 为常数,由物体本身性质决定. 则上述物理问题可归结为求解下列定解问题

$$\begin{cases} u_{tt} = c^2(u_{xx} + u_{yy}), & 0 < x < a, 0 < y < b, t > 0, \\ u(x,y,0) = \varphi(x,y), u_t(x,y,0) = \psi(x,y), & 0 \leq x \leq a, 0 \leq y \leq b, \\ u(0,y,t) = u(a,y,t) = 0, & 0 \leq y \leq b, t \geq 0, \\ u(x,0,t) = u(x,b,t) = 0, & 0 \leq x \leq a, t \geq 0. \end{cases} \tag{4.1-28}$$

我们用分离变量法求解. 设解 $u(x,y,t) = X(x)Y(y)T(t) \neq 0$. 代入到定解问题方程式 (4.1-28) 中, 得

$$\frac{T''(t)}{c^2 T(t)} = \frac{X''(x)}{X(x)} + \frac{Y''(y)}{Y(y)} = -\lambda - \mu, \tag{4.1-29}$$

式中, λ、μ 为分离常数, 记 $\gamma = \lambda + \mu$. 从而得到关于 $T(t)$、$X(x)$、$Y(y)$ 的常微分方程

$$T''(t) + \gamma c^2 T(t) = 0, \quad t > 0, \tag{4.1-30}$$

$$X''(x) + \lambda X(x) = 0, \quad 0 < x < a,$$

$$Y''(y) + \mu Y(y) = 0, \quad 0 < y < b.$$

由方程式 (4.1-28) 中的边界条件, 得 $X(0) = X(a) = 0$, 因此, 得特征值问题

$$\begin{cases} X''(x) + \lambda X(x) = 0, 0 < x < a, \\ X(0) = X(a) = 0. \end{cases} \tag{4.1-31}$$

类似例 4.1-1 中的特征值问题方程式 (4.1-5), 求得特征值和对应的特征函数

$$\lambda = \lambda_m = \left(\frac{m\pi}{a}\right)^2, \quad X_m(x) = A_m \sin\frac{m\pi x}{a}, \quad m = 1, 2, \cdots \tag{4.1-32}$$

同样地, 可以得到 $Y(0) = Y(b) = 0$, 以及 $Y(y)$ 的特征值问题

$$\begin{cases} Y''(y) + \mu Y(y) = 0, \quad 0 < y < b, \\ Y(0) = Y(b) = 0. \end{cases} \tag{4.1-33}$$

其特征值和对应的特征函数为

$$\mu = \mu_n = \left(\frac{n\pi}{b}\right)^2,$$

$$Y_n(y) = B_n \sin\frac{n\pi y}{b}, \quad n = 1, 2, \cdots \tag{4.1-34}$$

记

$$\gamma_{mn} = \pi\sqrt{\frac{m^2}{a^2} + \frac{n^2}{b^2}},$$

代入方程式 (4.1-29) 得

$$T''_{mn}(t) + \gamma_{mn}^2 c^2 T_{mn}(t) = 0, \tag{4.1-35}$$

其通解为

$$T_{mn}(t) = C_{mn}\cos\gamma_{mn}ct + D_{mn}\sin\gamma_{mn}ct. \tag{4.1-36}$$

于是得到满足定解问题方程式 (4.1-28) 的特解

$$u_{mn}(x,y,t) = X_m(x)Y_n(y)T_{mn}(t), \quad n, m = 1, 2, \cdots$$

利用线性叠加原理, 得到定解问题方程式 (4.1-28) 的形式通解

$$u(x,y,t) = \sum_{n=1}^{\infty} \sum_{m=1}^{\infty} u_{mn}(x,y,t) = \sum_{n=1}^{\infty} \sum_{m=1}^{\infty} X_m(x) Y_n(y) T_{mn}(t)$$

$$= \sum_{n=1}^{\infty} \sum_{m=1}^{\infty} (a_{mn}\cos\gamma_{mn}ct + b_{mn}\sin\gamma_{mn}ct) \sin\frac{m\pi x}{a} \sin\frac{n\pi y}{b}, \qquad (4.1\text{-}37)$$

式中,系数 $a_{mn} = C_{mn}A_mB_n$, $b_{mn} = D_{mn}A_mB_n$. 利用初始条件确定系数 a_{mn}、b_{mn},将初始条件代入方程式(4.1-37),得

$$u(x,y,0) = \varphi(x,y) = \sum_{n=1}^{\infty} \sum_{m=1}^{\infty} a_{mn}\sin\frac{m\pi x}{a} \sin\frac{n\pi y}{b},$$

$$u_t(x,y,0) = \psi(x,y) = \sum_{n=1}^{\infty} \sum_{m=1}^{\infty} b_{mn}\gamma_{mn}c\sin\frac{m\pi x}{a} \sin\frac{n\pi y}{b}.$$

易证,三角函数系 $\left\{\sin\dfrac{m\pi x}{a}\sin\dfrac{n\pi y}{b}\right\}$ 在矩形区域 $[0,a] \times [0,b]$ 上具有正交性. 于是,由二元函数的傅里叶级数系数公式得

$$\begin{cases} a_{mn} = \dfrac{4}{ab} \displaystyle\int_0^a \int_0^b \varphi(x,y)\sin\frac{m\pi x}{a}\sin\frac{n\pi y}{b}\mathrm{d}x\mathrm{d}y, \\ b_{mn} = \dfrac{4}{abc\gamma_{mn}} \displaystyle\int_0^a \int_0^b \psi(x,y)\sin\frac{m\pi x}{a}\sin\frac{n\pi y}{b}\mathrm{d}x\mathrm{d}y, \end{cases} \qquad (4.1\text{-}38)$$

式中,$n,m = 1,2,\cdots$.

这样得到定解问题方程式(4.1-28)的形式解方程式(4.1-37),式中系数 a_{mn}、b_{mn} 由方程式(4.1-38)确定.

4.1.2 极坐标系下齐次方程定解问题的分离变量法

例 4.1-5 设有一个半径为 a 的薄圆盘,上、下两面绝热,圆周温度分布已知,求稳恒状态下圆盘内的温度分布.

解 由第 1 章的讨论可知,求稳恒状态下温度分布规律 $u(x,y)$,就是求解下列边值问题

$$\begin{cases} \Delta u = u_{xx} + u_{yy} = 0, & x^2 + y^2 < a^2, \\ u(x,y) = f(x,y), & x^2 + y^2 = a^2. \end{cases} \qquad (4.1\text{-}39)$$

由于区域为圆域,不能直接分离变量,考虑作极坐标变换 $x = r\cos\theta$,$y = r\sin\theta$,则边值问题方程式(4.1-39)可化为

$$\begin{cases} u_{rr} + r^{-1}u_r + r^{-2}u_{\theta\theta} = 0, & r < a, 0 \leqslant \theta \leqslant 2\pi, \\ u(a,\theta) = f(\theta), & 0 \leqslant \theta \leqslant 2\pi, \end{cases} \qquad (4.1\text{-}40)$$

式中,$u(r,\theta) = u(r\cos\theta, r\sin\theta)$,$f(\theta) = f(a\cos\theta, a\sin\theta)$.

由于圆盘内温度不可能为无限,特别圆盘中心温度一定有限,所以

$$|u(0,\theta)| < +\infty. \qquad (4.1\text{-}41)$$

称方程式(4.1-41)为自然条件. 又因为在极坐标系中,(r,θ) 与 $(r,\theta+2\pi)$ 表示同一点,故

$$u(r,\theta) = u(r,\theta+2\pi), \quad 0 \leqslant r \leqslant a, 0 \leqslant \theta \leqslant 2\pi, \qquad (4.1\text{-}42)$$

称方程式(4.1-42)为周期性条件.

现在利用分离变量法求解边值问题方程式(4.1-40)在自然条件方程式(4.1-41)和周期条件方程式(4.1-42)下的非零解.设 $u(r,\theta) = R(r)\Phi(\theta) \neq 0$,代入方程式(4.1-40)中,得

$$\frac{r^2R''(r) + rR'(r)}{R(r)} = -\frac{\Phi''(\theta)}{\Phi(\theta)} = \lambda,$$

于是,有

$$\Phi''(\theta) + \lambda\Phi(\theta) = 0,$$
$$r^2R''(r) + rR'(r) - \lambda R(r) = 0.$$

由方程式(4.1-41)和方程式(4.1-42)得

$$|R(0)| < +\infty, \Phi(\theta) = \Phi(\theta + 2\pi).$$

于是,得到两个常微分方程的定解问题

$$\begin{cases} \Phi''(\theta) + \lambda\Phi(\theta) = 0, & 0 \leq \theta \leq 2\pi, \\ \Phi(\theta) = \Phi(\theta + 2\pi), & 0 \leq \theta \leq 2\pi \end{cases} \tag{4.1-43}$$

与

$$\begin{cases} r^2R''(r) + rR'(r) - \lambda R(r) = 0, & 0 \leq r \leq a, \\ |R(0)| < +\infty. \end{cases} \tag{4.1-44}$$

先解特征值问题方程式(4.1-43).通过与例4.1-1中特征值问题方程式(4.1-5)类似的讨论可知,当 $\lambda < 0$ 时,只有零解;当 $\lambda = 0$ 时,有非零常数解 $\Phi_0(\theta) = A_0(A_0$ 为非零常数);当 $\lambda > 0$ 时,方程式(4.1-43)中方程的通解为

$$\Phi(\theta) = A\cos\sqrt{\lambda}\,\theta + B\sin\sqrt{\lambda}\,\theta,$$

带入周期性条件 $\Phi(\theta) = \Phi(\theta + 2\pi)$,解得 $\sqrt{\lambda} = n\ (n = 1,2,\cdots)$,故得特征值和对应的特征函数

$$\lambda = \beta^2 = n^2, \Phi_n(\theta) = A_n\cos n\theta + B_n\sin n\theta, n = 1,2,\cdots \tag{4.1-45}$$

将 $\lambda = n^2, n = 0,1,2,\cdots$ 带入定解问题方程式(4.1-44),该方程是欧拉方程.

当 $\lambda = 0$ 时,其通解为 $R_0(r) = C_0 + D_0\ln r$.

当 $\lambda = n^2, n = 1,2,\cdots$ 时,其通解为 $R_n(r) = C_nr^n + D_nr^{-n}$.

由 $R(0)$ 的有界性,推得 $D_n = 0, n = 0,1,2,\cdots$,所以

$$R_n(r) = C_nr^n, n = 0,1,2,\cdots \tag{4.1-46}$$

于是,得到满足边值问题方程式(4.1-40)中方程与自然条件方程式(4.1-41)和周期条件方程式(4.1-42)的一系列非零解

$$u_0(r,\theta) = R_0(r)\Phi_0(\theta) \stackrel{\text{def}}{=} \frac{a_0}{2},$$

$$u_n(r,\theta) = R_n(r)\Phi_n(\theta) = r^n(a_n\cos n\theta + b_n\sin n\theta),$$

式中,$a_0 = 2C_0A_0, a_n = A_nC_n, b_n = B_nC_n (n = 1,2,\cdots)$.

由于定解问题是线性的,根据叠加原理,可得满足定解问题方程式(4.1-40)中的形式解为

$$u(r,\theta) = \frac{a_0}{2} + \sum_{n=1}^{\infty} r^n(a_n\cos n\theta + b_n\sin n\theta). \tag{4.1-47}$$

将方程式(4.1-40) 中的边界条件代入方程式(4.1-47),得

$$f(\theta) = u(a,\theta) = \frac{a_0}{2} + \sum_{n=1}^{\infty} a^n (a_n \cos n\theta + b_n \sin n\theta). \tag{4.1-48}$$

方程式(4.1-48) 可以看作函数 $f(\theta)$ 在 $[0,2\pi]$ 上的傅里叶展开式,所以

$$\begin{cases} a_n = \dfrac{1}{a^n \pi} \displaystyle\int_0^{2\pi} f(t) \cos nt \mathrm{d}t, & n = 0,1,2,\cdots \\[3mm] b_n = \dfrac{1}{a^n \pi} \displaystyle\int_0^{2\pi} f(t) \sin nt \mathrm{d}t, & n = 1,2,\cdots \end{cases} \tag{4.1-49}$$

有时为了应用上的方便,需要把解,即方程式(4.1-47) 表示成积分形式. 将系数方程式(4.1-49) 代入方程式(4.1-47) 式,整理得

$$u(r,\theta) = \frac{1}{2\pi} \int_0^{2\pi} f(t) \left[1 + 2 \sum_{n=1}^{\infty} \frac{r^n}{a^n} \cos n(\theta - t) \right] \mathrm{d}t. \tag{4.1-50}$$

当 $k = r/a$,$|k| < 1$ 时,利用欧拉公式可将级数 $1 + 2 \sum_{n=1}^{\infty} k^n \cos n(\theta - t)$ 写成如下形式

$$1 + 2 \sum_{n=1}^{\infty} k^n \cos n(\theta - t) = 1 + \sum_{n=1}^{\infty} \left(k^n \mathrm{e}^{ni(\theta-t)} + k^n \mathrm{e}^{-ni(\theta-t)} \right)$$

$$= 1 + \frac{k\mathrm{e}^{\mathrm{i}(\theta-t)}}{1 - k\mathrm{e}^{\mathrm{i}(\theta-t)}} + \frac{k\mathrm{e}^{-\mathrm{i}(\theta-t)}}{1 - k\mathrm{e}^{-\mathrm{i}(\theta-t)}} = \frac{1 - k^2}{1 - 2k\cos(\theta - t) + k^2}.$$

取 $k = r/a$,则方程式(4.1-50) 可以写成

$$u(r,\theta) = \frac{1}{2\pi} \int_0^{2\pi} \frac{(a^2 - r^2)f(t)\,\mathrm{d}t}{a^2 - 2ar\cos(\theta - t) + r^2}, \tag{4.1-51}$$

式中,$0 \leqslant r \leqslant a$,$0 \leqslant \theta \leqslant 2\pi$.

方程式(4.1-51) 称为圆域内的泊松公式. 它的作用在于将解表示成了积分形式,便于从理论上进行研究. 函数

$$P = \frac{a^2 - r^2}{a^2 - 2ar\cos(\theta - t) + r^2}$$

称为泊松核.

可以证明,如果 $f(\theta)$ 在 $[0,2\pi]$ 上连续,且 $f(0) = f(2\pi)$,则由方程式(4.1-50) 或方程式(4.1-51) 所确定的函数 $u(r,\theta)$ 是边值问题方程式(4.1-40) 的古典解.

注 4.1-1　对于圆域外的狄利克雷问题

$$\begin{cases} u_{rr} + r^{-1} u_r + r^{-2} u_{\theta\theta} = 0, & r > a, 0 \leqslant \theta \leqslant 2\pi, \\ u|_{r=a} = f(\theta), & 0 \leqslant \theta \leqslant 2\pi. \end{cases} \tag{4.1-52}$$

在 $u(r,\theta)$ 有界($r \to \infty$) 的自然边界条件下,利用同样的方法(请读者自己推导),可以得到边值问题方程式(4.1-52) 的形式解为

$$u(r,\theta) = \frac{1}{2\pi} \int_0^{2\pi} \frac{(r^2 - a^2)f(t)}{a^2 - 2ar\cos(\theta - t) + r^2} \mathrm{d}t, \tag{4.1-53}$$

式中，$r \geq a$，$0 \leq \theta \leq 2\pi$.

方程式 (4.1-53) 称为圆域外泊松公式. 在形式上它与圆域内的泊松公式只相差一个符号.

例 4.1-6 求解下列定解问题

$$
\begin{cases}
\dfrac{1}{r}\dfrac{\partial}{\partial r}\left(r\dfrac{\partial u}{\partial r}\right) + \dfrac{1}{r^2}\dfrac{\partial^2 u}{\partial \theta^2} = 0, & r < 1, 0 < \theta < \dfrac{\pi}{3}, \\[2mm]
u(1,\theta) = \sin 6\theta, & 0 \leq \theta \leq \dfrac{\pi}{3}, \\[2mm]
u(r,0) = u(r,\pi/3) = 0, & r \leq 1.
\end{cases}
\tag{4.1-54}
$$

解 同例 4.1-5 一样，补充自然条件

$$
|u(0,\theta)| < +\infty .
\tag{4.1-55}
$$

边值问题方程式 (4.1-54) 中的方程可化为例 4.1-7 中的方程，因此，定解问题可改写成

$$
\begin{cases}
\dfrac{\partial^2 u}{\partial r^2} + \dfrac{1}{r}\dfrac{\partial u}{\partial r} + \dfrac{1}{r^2}\dfrac{\partial^2 u}{\partial \theta^2} = 0, & r < 1, 0 < \theta < \dfrac{\pi}{3}, \\[2mm]
u(1,\theta) = \sin 6\theta, & 0 \leq \theta \leq \dfrac{\pi}{3}, \\[2mm]
u(r,0) = u(r,\pi/3) = 0, & r \leq 1.
\end{cases}
\tag{4.1-56}
$$

下面，用分离变量法求解边值问题方程式 (4.1-56) 附加自然条件方程式 (4.1-55) 的非零解.

设 $u(r,\theta) = R(r)\Phi(\theta)$，代入方程式 (4.1-56) 中，得

$$
\frac{r^2 R''(r) + r R'(r)}{R(r)} = -\frac{\Phi''(\theta)}{\Phi(\theta)} = \lambda ,
$$

于是有

$$
\Phi''(\theta) + \lambda\Phi(\theta) = 0,
$$
$$
r^2 R''(r) + r R'(r) - \lambda R(r) = 0.
$$

根据方程式 (4.1-56) 中的第三式，得到特征值问题

$$
\begin{cases}
\Phi''(\theta) + \lambda\Phi(\theta) = 0, & 0 < \theta < \pi/3, \\
\Phi(0) = \Phi(\pi/3) = 0,
\end{cases}
\tag{4.1-57}
$$

由附加条件方程式 (4.1-55) 可知，$|R(0)| < +\infty$，于是，得到常微分方程的定解问题

$$
\begin{cases}
r^2 R''(r) + r R'(r) - \lambda R(r) = 0, & 0 \leq r \leq a, \\
|R(0)| < +\infty .
\end{cases}
\tag{4.1-58}
$$

先解特征值问题方程式 (4.1-57). 当 $\lambda < 0$ 时，方程式的通解为 $\Phi(\theta) = Ae^{\sqrt{-\lambda}\,\theta} + Be^{-\sqrt{-\lambda}\,\theta}$，而满足条件 $\Phi(0) = \Phi(\pi/3) = 0$ 的只有零解；当 $\lambda = 0$ 时，方程的通解为 $\Phi(\theta) = A\theta + B$，满足条件 $\Phi(0) = \Phi(\pi/3) = 0$ 的亦只有零解；因此，$\lambda \leq 0$ 不是特征值. 当 $\lambda > 0$ 时，特征方程的通解为

$$
\Phi(\theta) = A\cos\sqrt{\lambda}\,\theta + B\sin\sqrt{\lambda}\,\theta .
$$

带入条件 $\Phi(0) = 0$，解得 $A = 0$；带入条件 $\Phi(\pi/3) = 0$，得 $\Phi(\pi/3) = B\sin(\pi/3\sqrt{\lambda}) = 0$，于是 $\lambda = (3n)^2$，$n = 1,2,\cdots$ 故有特征值和对应的特征函数

$$\lambda = \lambda_n = 9n^2, \Phi_n(\theta) = B_n \sin 3n\theta, n = 1, 2, \cdots \qquad (4.1\text{-}59)$$

将 $\lambda = 9n^2, n = 1, 2, \cdots$ 代入定解问题方程式(4.1-58)中,得通解为 $R_n(r) = C_n r^{3n} + D_n r^{-3n}$. 由 $R(0)$ 的有界性,推得 $D_n = 0, n = 1, 2, \cdots$ 所以

$$R_n(r) = C_n r^{3n}, n = 1, 2, \cdots \qquad (4.1\text{-}60)$$

于是,得到满足边值问题方程式(4.1-56),即方程式(4.1-54)中方程与自然条件方程式(4.1-55)和边界条件 $\Phi(0) = \Phi(\pi/3) = 0$ 的一列非零解

$$u_n(r, \theta) = R_n(r) \Phi_n(\theta) = a_n r^{3n} \sin 3n\theta,$$

式中, $a_n = B_n C_n, n = 1, 2, \cdots$.

由于定解问题是线性的,根据叠加原理,可得定解问题方程式(4.1-54)的形式解

$$u(r, \theta) = \sum_{n=1}^{\infty} a_n r^{3n} \sin 3n\theta, \qquad (4.1\text{-}61)$$

式中,系数 a_n 待定.

将方程式(4.1-54)中的边界条件 $u(1, \theta) = \sin 6\theta$ 代入方程式(4.1-61),得

$$\sin 6\theta = u(1, \theta) = \sum_{n=1}^{\infty} a_n \sin 3n\theta. \qquad (4.1\text{-}62)$$

由方程式(4.1-62)解得 $a_2 = 1, a_n = 0, n \neq 2$. 于是,所求的解 $u(r, \theta) = r^6 \sin 6\theta$.

例 4.1-7　求解下列定解问题

$$\begin{cases} \dfrac{1}{r} \dfrac{\partial}{\partial r}\left(r \dfrac{\partial u}{\partial r} \right) + \dfrac{1}{r^2} \dfrac{\partial^2 u}{\partial \theta^2} = 0, & a < r < b, 0 \leq \theta \leq 2\pi, \\ u(a, \theta) = 0, u(b, \theta) = 1, & 0 \leq \theta \leq 2\pi. \end{cases} \qquad (4.1\text{-}63)$$

解　类似例 4.1-5,补充周期条件

$$u(r, \theta) = u(r, \theta + 2\pi), \quad a \leq r \leq b, 0 \leq \theta \leq 2\pi, \qquad (4.1\text{-}64)$$

边值问题方程式(4.1-63)中的方程可化为例 4.1-7 中的方程,因此,定解问题方程式(4.1-63)可写成

$$\begin{cases} \dfrac{\partial^2 u}{\partial r^2} + \dfrac{1}{r} \dfrac{\partial u}{\partial r} + \dfrac{1}{r^2} \dfrac{\partial^2 u}{\partial \theta^2} = 0, & a < r < b, 0 \leq \theta \leq 2\pi, \\ u(a, \theta) = 0, u(b, \theta) = 1, & 0 \leq \theta \leq 2\pi. \end{cases} \qquad (4.1\text{-}65)$$

下面,用分离变量法求解边值问题方程式(4.1-65)附加周期条件方程式(4.1-64)的解.

设 $u(r, \theta) = R(r) \Phi(\theta)$,代入方程式(4.1-65)中,得

$$\frac{r^2 R''(r) + r R'(r)}{R(r)} = -\frac{\Phi''(\theta)}{\Phi(\theta)} = \lambda,$$

于是,有

$$\Phi''(\theta) + \lambda \Phi(\theta) = 0,$$
$$r^2 R''(r) + r R'(r) - \lambda R(r) = 0. \qquad (4.1\text{-}66)$$

加上周期条件方程式(4.1-64)得到特征值问题

$$\begin{cases} \Phi''(\theta) + \lambda \Phi(\theta) = 0, & 0 \leq \theta \leq 2\pi, \\ \Phi(0) = \Phi(2\pi), \end{cases} \qquad (4.1\text{-}67)$$

由例 4.1-5 知,特征值问题方程式(4.1-67) 的特征值和对应的特征函数分别为
$$\lambda = \beta^2 = n^2, \Phi_n(\theta) = A_n\cos n\theta + B_n\sin n\theta, n = 0, 1, 2, \cdots$$
将 $\lambda = n^2, n = 0, 1, 2, \cdots$ 代入方程式(4.1-66) 中,求得该欧拉方程.当 $\lambda = 0$ 时,其通解为
$$R_0(r) = C_0 + D_0\ln r.$$
当 $\lambda = n^2, n = 1, 2, \cdots$ 时,其通解为
$$R_n(r) = C_nr^n + D_nr^{-n}.$$
于是,得到满足方程式(4.1-63) 中方程与附加周期条件方程式(4.1-64) 的一列非零解
$$u_0(r, \theta) = R_0(r)\Phi_0(\theta) = E_0 + F_0\ln r,$$
$$u_n(r, \theta) = R_n(r)\Phi_n(\theta) = (E_nr^n + F_nr^{-n})\cos n\theta + (G_nr^n + H_nr^{-n})\sin n\theta,$$
式中,系数 $E_0 = A_0C_0, F_0 = A_0D_0, E_n = A_nC_n, F_n = A_nD_n, G_n = B_nC_n, H_n = B_nD_n$.

由于定解问题是线性的,根据叠加原理,可得形式解
$$u(r, \theta) = E_0 + F_0\ln r + \sum_{n=1}^{\infty}\left[(E_nr^n + F_nr^{-n})\cos n\theta + (G_nr^n + H_nr^{-n})\sin n\theta\right].$$
(4.1-68)

将方程式(4.1-63) 中的边界条件代入方程(4.1-68) 中,得
$$\begin{cases} u(a, \theta) = E_0 + F_0\ln a + \sum_{n=1}^{\infty}\left[(E_na^n + F_na^{-n})\cos n\theta + (G_na^n + H_na^{-n})\sin n\theta\right] = 0. \\ u(b, \theta) = E_0 + F_0\ln b + \sum_{n=1}^{\infty}\left[(E_nb^n + F_nb^{-n})\cos n\theta + (G_nb^n + H_nb^{-n})\sin n\theta\right] = 1. \end{cases}$$
由上式可得
$$E_0 + F_0\ln a = 0, E_na^n + F_na^{-n} = 0, G_na^n + H_na^{-n} = 0,$$
$$E_0 + F_0\ln b = 1, E_nb^n + F_nb^{-n} = 0, G_nb^n + H_nb^{-n} = 0,$$
解得 $E_0 = -\ln a/(\ln b - \ln a), F_0 = 1/(\ln b - \ln a)$,其他系数均为 0. 于是定解问题方程式(4.1-63) 的解为
$$u(r, \theta) = -\ln a/(\ln b - \ln a) + \ln r/(\ln b - \ln a) = \ln\frac{r}{a}/\ln\frac{b}{a}.$$

4.2 非齐次方程定解问题的分离变量法

本章 4.1 只考虑了方程和边界条件都是齐次的,或齐次方程附加周期条件的情况.实际上还有方程和边界条件至少有一个是非齐次的情况,这类问题称为非齐次问题.本节通过具体例子介绍求解非齐次方程齐次边界条件的特征函数法.至于边界条件为非齐次的及方程和边界条件都是非齐次的情况,将在 4.3 中讨论.

例 4.2.1 考虑两端固定的弦的强迫振动问题
$$\begin{cases} u_{tt} = a^2u_{xx} + f(x, t), & 0 < x < L, t > 0, \\ u(x, 0) = \varphi(x), u_t(x, 0) = \psi(x), & 0 \leqslant x \leqslant L, \\ u(0, t) = u(L, t) = 0, & t \geqslant 0. \end{cases}$$
(4.2-1)

解　采用所谓特征函数法来求解该问题. 由于方程中非齐次项的出现, 如果直接以 $u(x,t) = X(x)T(t) \neq 0$ 代入, 并不能分离变量. 但当 $f \equiv 0$ 时, 定解问题变为方程式(4.1-1), 对应的特征函数系为 $\left(\sin \dfrac{m\pi x}{L} \right)$, $m = 1, 2, \cdots$ 受常微分方程中常数变异法的启发, 我们寻求定解问题方程式(4.2-1) 的如下形式的解

$$u(x,t) = \sum_{m=1}^{\infty} T_m(t) \sin \frac{m\pi x}{L}, \tag{4.2-2}$$

式中, $T_m(t)$ $(m = 1, 2, \cdots)$ 为待定函数.

显然方程式(4.2-2) 满足边界条件 $u(0,t) = u(L,t) = 0$. 将方程式(4.2-2) 代入到方程式(4.2-1) 中, 得

$$\sum_{m=1}^{\infty} \left[T''_m(t) + a^2 \beta_m^2 T_m(t) \right] \sin \frac{m\pi x}{L} = f(x,t), \tag{4.2-3}$$

式中, $\beta_m = m\pi / L$.

对方程式(4.2-3) 两边同乘以 $\sin \dfrac{n\pi x}{L} (n = 1, 2, \cdots)$, 然后在 $[0, L]$ 上关于 x 积分, 得

$$\sum_{m=1}^{\infty} \left[T''_m(t) + a^2 \beta_m^2 T_m(t) \right] \int_0^L \sin \frac{m\pi x}{L} \sin \frac{n\pi x}{L} \mathrm{d}x = \int_0^L f(x,t) \sin \frac{n\pi x}{L} \mathrm{d}x.$$

利用三角函数系 $\left(\sin \dfrac{m\pi x}{L} \right)$ 的正交性, 可以得到:

$$\left[T''_n(t) + a^2 \beta_n^2 T_n(t) \right] \int_0^L \sin^2 \frac{n\pi x}{L} \mathrm{d}x = \int_0^L f(x,t) \sin \frac{n\pi x}{L} \mathrm{d}x,$$

因此, 得

$$T''_n(t) + a^2 \beta_n^2 T_n(t) = f_n(t), \tag{4.2-4}$$

式中,

$$f_n(t) = \frac{2}{L} \int_0^L f(x,t) \sin \frac{n\pi x}{L} \mathrm{d}x, \quad n = 1, 2, \cdots. \tag{4.2-5}$$

下面, 确定 $T_n(t)$ $(n = 1, 2, \cdots)$. 由初始条件得

$$\varphi(x) = u(x,0) = \sum_{n=1}^{\infty} T_n(0) \sin \frac{n\pi x}{L},$$

$$\psi(x) = u_t(x,0) = \sum_{n=1}^{\infty} T'_n(0) \sin \frac{n\pi x}{L}.$$

由此可得

$$\begin{cases} T_n(0) = \dfrac{2}{L} \int_0^L \varphi(x) \sin \dfrac{n\pi x}{L} \mathrm{d}x \overset{\text{def}}{=} a_n, \\ T'_n(0) = \dfrac{2}{L} \int_0^L \psi(x) \sin \dfrac{n\pi x}{L} \mathrm{d}x \overset{\text{def}}{=} b_n, \end{cases} \tag{4.2-6}$$

式中, $n = 1, 2, \cdots$.

将方程式(4.2-4) 和方程式(4.2-6) 联立, 得定解问题

$$\begin{cases} T''_n(t) + a^2\beta_n^2 T_n(t) = f_n(t), \\ T_n(0) = a_n, T'_n(0) = b_n. \end{cases}$$

这是一个二阶线性非齐次常微分方程的定解问题，下面，用拉普拉斯变换法求解. 记 $T_n(t)$ 的拉普拉斯变换为 $L[T_n(t)] = \overline{T}_n(s)$，$f_n(t)$ 的拉普拉斯变换为 $L[f_n(t)] = \overline{f}_n(s)$. 对方程式(4.2-4) 两边取拉普拉斯变换，得

$$s^2\overline{T}_n(s) - sa_n - b_n + a^2\beta_n^2\overline{T}_n(s) = \overline{f}_n(s),$$

所以

$$\overline{T}_n(s) = \frac{\overline{f}_n(s) + sa_n + b_n}{s^2 + a^2\beta_n^2}.$$

两边取拉普拉斯逆变换，得

$$T_n(t) = L^{-1}[\overline{T}_n(s)] = L^{-1}\left[\frac{\overline{f}_n(s)}{s^2 + a^2\beta_n^2}\right] + L^{-1}\left[\frac{sa_n + b_n}{s^2 + a^2\beta_n^2}\right]$$

$$= f_n(t) \cdot \frac{1}{a\beta_n}\sin\frac{n\pi at}{L} + a_n\cos\frac{n\pi at}{L} + \frac{b_n}{a\beta_n}\sin\frac{n\pi at}{L} \tag{4.2-7}$$

$$= \frac{L}{n\pi a}\int_0^t f_n(\tau)\sin\frac{n\pi a(t-\tau)}{L}d\tau + a_n\cos\frac{n\pi at}{L} + \frac{b_nL}{n\pi a}\sin\frac{n\pi at}{L}.$$

因此，定解问题方程式(4.2-1) 的形式解为

$$u(x,t) = \sum_{n=1}^\infty \left(a_n\cos\frac{n\pi at}{L} + \frac{b_nL}{n\pi a}\sin\frac{n\pi at}{L}\right)\sin\frac{n\pi x}{L} \tag{4.2-8}$$
$$+ \sum_{n=1}^\infty \frac{L}{n\pi a}\int_0^t f_n(\tau)\sin\frac{n\pi a(t-\tau)}{L}d\tau \cdot \sin\frac{n\pi x}{L},$$

式中，a_n, b_n 由方程式(4.2-6) 确定. 若记

$$u_1(x,t) = \sum_{n=1}^\infty \left(a_n\cos\frac{n\pi at}{L} + \frac{b_nL}{n\pi a}\sin\frac{n\pi at}{L}\right)\sin\frac{n\pi x}{L},$$

$$u_2(x,t) = \sum_{n=1}^\infty \frac{L}{n\pi a}\int_0^t f_n(\tau)\sin\frac{n\pi a(t-\tau)}{L}d\tau \cdot \sin\frac{n\pi x}{L},$$

则 $u(x,t) = u_1(x,t) + u_2(x,t)$. 可知，$u_1(x,t)$ 是定解问题方程式(4.1-1) 的形式解，而 $u_2(x,t)$ 是

$$\begin{cases} u_{tt} = a^2u_{xx} + f(x,t), & 0 < x < L, t > 0, \\ u(x,0) = u_t(x,0) = 0, & 0 \leqslant x \leqslant L, \\ u(0,t) = u(L,t) = 0, & t \geqslant 0. \end{cases} \tag{4.2-9}$$

的形式解. 因此，具有强迫力与非齐次初始条件的振动，可以看作是仅由初始条件引起的振动与仅由强迫力引起的振动的合成，这符合强迫振动问题的物理解释. 由于定解问题方程式(4.1-1) 的解已经由方程式(4.1-11) 和方程式(4.1-12) 给出，因而求解方程式(4.2-1)，只需求出定解问题方程式(4.2-9) 的解，然后与方程式(4.1-1) 的解相加即可.

注 4.2-1 这里所给求解非齐次方程的方法，其本质是将未知函数 $u(x,t)$ 按齐次边界条件所对应的正交特征函数系展开. 所以这种方法称为特征函数法(或称为固有函数法). 应

用这种方法要预先知道相应的特征函数系.

注 4.2-2　我们也可以通过齐次化原理求解非齐次发展方程定解问题方程式(4.2-9)，其形式解为

$$u_2(x,t) = \sum_{n=1}^{\infty} \frac{L}{n\pi a} \int_0^t f_n(\tau) \sin \frac{n\pi a(t-\tau)}{L} d\tau \cdot \sin \frac{n\pi x}{L}.$$

因此，由叠加原理，定解问题方程式(4.2-1)的形式解亦为方程式(4.2-8).

4.3　非齐次边界条件的处理

前面讨论的定解问题，边界条件都是齐次的.而实际问题中，会遇到边界条件为非齐次的情况，这样的定解问题亦归属于非齐次定解问题.本节举例说明如何处理非齐次边界条件的问题.

例 4.3-1　研究细杆导热问题.杆的初始温度为 u_0，保持杆的一端温度为 u_0 不变，另一端恒有热流强度为 q_0 的热量流入.

解　定解问题可归结为

$$\begin{cases} u_t = a^2 u_{xx}, & 0 < x < l, t > 0, a^2 = \kappa/c\rho, \\ u(0,t) = u_0, u_x(l,t) = q_0/\kappa, & t \geq 0, \\ u(x,0) = u_0, & 0 \leq x \leq l. \end{cases} \quad (4.3\text{-}1)$$

式中，κ 为热导率；c 为比热容；ρ 为密度.

为求解该非齐次边值问题，首先，要把非齐次边界条件化为齐次边界条件.常取一个适当的未知函数的代换，使得对新未知函数来说，边界条件是齐次的.假设

$$u(x,t) = v(x,t) + p(x,t), \quad (4.3\text{-}2)$$

式中，$p(x,t)$ 是一个适当选取的函数，它使新的未知函数 $v(x,t)$ 满足齐次边界条件，为此 $p(x,t)$ 要满足边界条件 $p(0,t) = u_0, \frac{\partial p}{\partial x}\big|_{x=l} = q_0/\kappa$.因此，可设

$$p(x,t) = u_0 + \frac{q_0}{\kappa}x.$$

把方程式(4.3-2)代入定解问题方程式(4.3-1)，得到未知函数 $v(x,t)$ 满足的定解问题

$$\begin{cases} v_t - a^2 v_{xx} = 0, \\ v(0,t) = u_0 - p(0,t) = 0, \\ v_x(l,t) = \frac{q_0}{\kappa} - p_x(l,t) = 0, \\ v(x,0) = u_0 - p(x,0) = -\frac{q_0}{\kappa}x. \end{cases} \quad (4.3\text{-}3)$$

显然定解问题方程式(4.3-3)可直接进行分离变量求解.设

$$v(x,t) = X(x)T(t),$$

代入方程式(4.3-3)，分离变量得

$$T' + a^2 \lambda T = 0, \tag{4.3-4}$$

$$\begin{cases} X'' + \lambda X = 0, \\ X(0) = 0, X'(l) = 0. \end{cases} \tag{4.3-5}$$

方程式(4.3-5)构成特征值问题.当 $\lambda \leqslant 0$ 时均没有非零解.当 $\lambda > 0$ 时,其通解为

$$X(x) = C_1 \cos\sqrt{\lambda}\, x + C_2 \sin\sqrt{\lambda}\, x.$$

代入边界条件,有

$$\begin{cases} C_1 = 0, \\ C_2 \cos\sqrt{\lambda}\, l = 0. \end{cases}$$

只有当 $\cos\sqrt{\lambda}\, l = 0$,特征方程才有非零解,由此,得

$$\sqrt{\lambda}\, l = \left(n + \frac{1}{2}\right)\pi, n = 0, 1, 2 \cdots$$

即特征值

$$\lambda = \lambda_n = \left[\left(n + \frac{1}{2}\right)\pi / l\right]^2, n = 0, 1, 2 \cdots \tag{4.3-6}$$

特征函数为

$$X_n(x) = A_n \sin\frac{\left(n + \frac{1}{2}\right)\pi}{l} x, n = 0, 1, 2 \cdots$$

把特征值方程式(4.3-6)代入方程式(4.3-4),得

$$T'(t) + a^2 \frac{\left(n + \frac{1}{2}\right)^2 \pi^2}{l^2} T(t) = 0,$$

解得

$$T_n(t) = B_n e^{-\frac{a^2\left(n+\frac{1}{2}\right)^2\pi^2}{l^2} \cdot t}.$$

于是,根据线性叠加原理,得

$$v(x, t) = \sum_{n=0}^{\infty} C_n e^{-\frac{\left(n+\frac{1}{2}\right)^2\pi^2 a^2}{l^2} \cdot t} \sin\frac{\left(n + \frac{1}{2}\right)\pi}{l} x.$$

式中,系数 $C_n = A_n B_n$ 可由初始条件 $v(x, 0) = -\dfrac{q_0}{\kappa} x$ 确定,即

$$v(x, 0) = \sum_{n=0}^{\infty} C_n \sin\frac{\left(n + \frac{1}{2}\right)\pi x}{l} = -\frac{q_0}{\kappa} x.$$

把右边函数 $-\dfrac{q_0}{\kappa} x$ 按特征函数系 $\left[\sin\dfrac{\left(n + \frac{1}{2}\right)\pi}{l} x\right], n = 0, 1, 2, \cdots$ 展开成傅里叶正弦级数,

比较两边系数得

$$C_n = \frac{2}{l} \int_0^l - \frac{q_0}{\kappa} \zeta \sin \frac{\left(n + \frac{1}{2}\right) \pi \zeta}{l} \mathrm{d}\zeta$$

$$= - \frac{2q_0 l}{\kappa \left(n + \frac{1}{2}\right)^2 \pi^2} \left[\sin \frac{\left(n + \frac{1}{2}\right) \pi \zeta}{l} - \frac{\left(n + \frac{1}{2}\right) \pi \zeta}{l} \cos \frac{\left(n + \frac{1}{2}\right) \pi \zeta}{l} \right] \Bigg|_0^l$$

$$= (-1)^{n+1} \frac{2q_0 l}{\kappa \left(n + \frac{1}{2}\right)^2 \pi^2}, n = 0, 1, 2 \cdots$$

$$v(x,t) = \sum_{n=0}^{\infty} (-1)^{n+1} \frac{2q_0 l}{\kappa \left(n + \frac{1}{2}\right)^2 \pi^2} \mathrm{e}^{-\frac{\left(n+\frac{1}{2}\right)^2 \pi^2 a^2}{l^2} \cdot t} \sin \frac{\left(n + \frac{1}{2}\right) \pi}{l} x.$$

因此,原定解问题的解为

$$u(x,t) = \sum_{n=0}^{\infty} (-1)^{n+1} \frac{2q_0 l}{\kappa \left(n + \frac{1}{2}\right)^2 \pi^2} \mathrm{e}^{-\frac{\left(n+\frac{1}{2}\right)^2 \pi^2 a^2}{l^2} \cdot t} \sin \frac{\left(n + \frac{1}{2}\right) \pi}{l} x + u_0 + \frac{q_0}{\kappa} x.$$

例 4.3-2　截面为矩形的散热片的一边 $y = b$ 处于较高温度 v_0 处,其余三边 $y = 0$、$x = 0$、$x = a$ 处于冷却介质中(如图 4.3-1 所示),因而保持较低温度 u_0,求解散热片横截面上稳定的温度分布 $u(x,y)$.

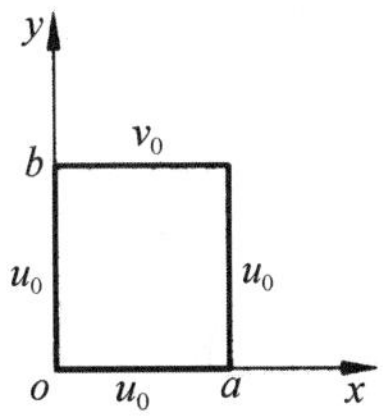

解　所求的温度分布 $u(x,y)$ 满足定解问题

$$\begin{cases} u_{xx} + u_{yy} = 0, & 0 < x < a, 0 < y < b, \\ u(0,y) = u_0, u(a,y) = u_0, & 0 \leq y \leq b, \\ u(x,0) = u_0, u(x,b) = v_0, & 0 \leq x \leq a. \end{cases} \tag{4.3-7}$$

图 4.3-1

该定解问题具有非齐次边界条件,令 $u(x,y) = u_0 + v(x,y)$ 并代入方程式(4.3-7),有

$$\begin{cases} v_{xx} + v_{yy} = 0, & 0 < x < a, 0 < y < b, \\ v(0,y) = 0, v(a,y) = 0, & 0 \leq y \leq b, \\ v(x,0) = 0, v(x,b) = v_0 - u_0, & 0 \leq x \leq a. \end{cases} \tag{4.3-8}$$

定解问题方程式(4.3-8)满足变量分离的条件,故设 $v(x,y) = X(x)Y(y)$,代入方程式(4.3-8)分离变量得

$$Y'' - \lambda Y = 0, \tag{4.3-9}$$

$$\begin{cases} X'' + \lambda X = 0, \\ X(0) = X(a) = 0. \end{cases} \tag{4.3-10}$$

特征值问题方程式(4.3-10)的特征值和特征函数分别为

$$\lambda = \left(\frac{\pi n}{a}\right)^2, X(x) = \sin \frac{\pi n}{a} x, n = 1, 2, \cdots$$

把上述特征值代入方程式(4.3-9)，得

$$Y'' - \frac{\pi^2 n^2}{a^2} Y = 0,$$

解得

$$Y_n(y) = C_n e^{\frac{\pi n y}{a}} + D_n e^{-\frac{\pi n y}{a}}, \quad n = 1, 2, \cdots$$

于是，根据线性叠加原理得原定解问题的形式解

$$v(x, y) = \sum_{n=1}^{\infty} \left(C_n e^{\frac{\pi n y}{a}} + D_n e^{-\frac{\pi n y}{a}} \right) \sin \frac{\pi n}{a} x. \tag{4.3-11}$$

式中，待定系数 C_n，D_n 可由边界条件 $v(x, 0) = 0$、$v(x, b) = v_0 - u_0$ 确定，即

$$v(x, 0) = \sum_{n=1}^{\infty} (C_n + D_n) \sin \frac{\pi n}{a} x = 0, \tag{4.3-12}$$

$$v(x, b) = \sum_{n=1}^{\infty} \left(C_n e^{\frac{\pi n b}{a}} + D_n e^{-\frac{\pi n b}{a}} \right) \sin \frac{\pi n}{a} x = v_0 - u_0. \tag{4.3-13}$$

由方程式(4.3-12)知，$C_n + D_n = 0$，即 $C_n = -D_n$。把方程式(4.3-13)右边 $v_0 - u_0$ 按特征函数系 $\sin \frac{\pi n}{a} x, n = 1, 2, \cdots$ 展开成傅里叶正弦级数，$C_n e^{\frac{\pi n b}{a}} + D_n e^{-\frac{\pi n b}{a}}$ 为其系数，根据傅里叶级数系数公式

$$C_n e^{\frac{\pi n b}{a}} + D_n e^{-\frac{\pi n b}{a}} = \frac{2}{a} \int_0^a (v_0 - u_0) \sin \frac{\pi n}{a} \zeta \, d\zeta = -\frac{2}{a} (v_0 - u_0) \frac{a}{\pi n} \cos \frac{\pi n}{a} \zeta \Big|_0^a$$

$$= \begin{cases} 0, & n \text{ 为偶数,} \\ \dfrac{4}{\pi n} (v_0 - u_0), & n \text{ 为奇数,} \end{cases}$$

于是，解得

$$C_n = -D_n = \begin{cases} 0, & n = 2k, \\ \dfrac{4(v_0 - u_0)}{\pi n (e^{\frac{\pi n b}{a}} - e^{-\frac{\pi n b}{a}})}, & n = 2k + 1, \end{cases}$$

将 C_n，D_n 的表达式代入方程式(4.3-11)，整理得

$$v(x, y) = \frac{4(v_0 - u_0)}{\pi} \sum_{k=0}^{\infty} \frac{1}{(2k+1)} \cdot \frac{\sinh\left[\dfrac{(2k+1)\pi y}{a}\right]}{\sinh\left[\dfrac{(2k+1)\pi b}{a}\right]} \cdot \sin \frac{(2k+1)\pi x}{a},$$

于是，得到原定解问题的解 $u(x, y) = u_0 + v(x, y)$。

例 4.3-3 求解下列初边值问题

$$\begin{cases} u_t = a^2 u_{xx} - bu, & 0 < x < L, t > 0, \\ u(x, 0) = \varphi(x), & 0 \leqslant x \leqslant L, \\ u_x(0, t) = A, u(L, t) = B, & t \geqslant 0, \end{cases} \tag{4.3-14}$$

式中，a、b、A、B 是常数，且 $a > 0$ 和 $b \geqslant 0$。

解　首先,处理非齐次边界条件,先将边界条件齐次化.设 $u(x,t) = v(x,t) + w(x,t)$,式中, $w(x,t)$ 满足 $w'_x(0,t) = A, w(L,t) = B$.显然可取 $w(x,t) = w(x) = A(x-L) + B$,于是,未知函数 $v(x,t)$ 满足下列定解问题

$$\begin{cases} v_{tt} = a^2 v_{xx} - bv - bw(x), & 0 < x < L, t > 0, \\ v(x,0) = \varphi(x) - w(x), & 0 \leqslant x \leqslant L, \\ v_x(0,t) = 0, v(L,t) = 0, & t \geqslant 0. \end{cases} \tag{4.3-15}$$

利用分离变量法,不难得到定解问题方程式(4.3-15)对应的齐次方程和齐次边界条件组成的特征值问题的特征值和特征函数分别为

$$\lambda = \lambda_n = \frac{(2n-1)\pi}{2L}, n = 1, 2, \cdots$$

和

$$\left[\cos \frac{(2n-1)\pi x}{2L} \right], n = 1, 2, \cdots$$

因此,设非齐次定解问题方程式(4.3-15)的形式解为

$$v(x,t) = \sum_{n=1}^{\infty} T_n(t) \cos \frac{(2n-1)\pi x}{2L}, n = 1, 2, \cdots \tag{4.3-16}$$

式中, $T_n(t), n = 1, 2, \cdots$ 为待定函数.

把方程式(4.3-16)代入方程式(4.3-15)中,得

$$\sum_{n=1}^{\infty} \left[T'_n(t) + (\lambda_n^2 + b) T_n(t) \right] \cos \frac{(2n-1)\pi x}{2L} = -bw(x), \tag{4.3-17}$$

式中, $\lambda_n = (2n-1)\pi/2L, n = 1, 2, \cdots$

将方程式(4.3-17)右边函数按特征函数系展开成广义傅里叶级数,其系数

$$w_n = \frac{-2b}{L} \int_0^L w(x) \cos \frac{(2n-1)\pi x}{2L} \mathrm{d}x, \quad n = 1, 2, \cdots \tag{4.3-18}$$

于是,有

$$T'_n(t) + (\lambda_n^2 + b) T_n(t) = w_n, \tag{4.3-19}$$

方程式(4.3-19)的解为

$$T_n(t) = \mathrm{e}^{-(\lambda_n^2 + b)t} T_n(0) + \frac{w_n}{\lambda_n^2 + b} \left[1 - \mathrm{e}^{-(\lambda_n^2 + b)t} \right]. \tag{4.3-20}$$

因此,

$$v(x,t) = \sum_{n=1}^{\infty} \left\{ \mathrm{e}^{-(\lambda_n^2 + b)t} T_n(0) + \frac{w_n}{\lambda_n^2 + b} \left[1 - \mathrm{e}^{-(\lambda_n^2 + b)t} \right] \right\} \cos \frac{(2n-1)\pi x}{2L}, n = 1, 2, \cdots$$

由初始条件方程式(4.3-16),得

$$\varphi(x) - w(x) = v(x,0) = \sum_{n=1}^{\infty} T_n(0) \cos \frac{(2n-1)\pi x}{2L},$$

所以

$$T_n(0) = \frac{2}{L} \int_0^L \left[\varphi(x) - w(x) \right] \cos \frac{(2n-1)\pi x}{2L} \mathrm{d}x, n = 1, 2, \cdots \tag{4.3-21}$$

因此,定解问题方程式(4.3-13) 的形式解为

$$u(x,t) = A(x - L) + B + \sum_{n=1}^{\infty} T_n(t)\cos\frac{(2n - 1)\pi x}{2L},\qquad (4.3-22)$$

式中,$T_n(t)$ 由方程式(4.3-20) 给出,$T_n(0)$ 由方程式(4.3-21) 确定.

在掌握了分离变量法、特征函数展开法和非齐次边界条件的处理方法后,就能求解最一般的定解问题:泛定方程和边界条件全是非齐次的,同时,初始条件是非零值.

下面以一般的一维有界振动问题和二维有界稳定温度分布问题为例,说明含时间的和不含时间的一般定解问题不同的求解步骤和最有效的方法.

考虑下列初边值问题

$$\begin{cases} u_{tt} = a^2 u_{xx} + f(x,t), & 0 < x < L, t > 0, \\ u(x,0) = \varphi(x), u_t(x,0) = \psi(x), & 0 \le x \le L, \\ u(0,t) = p(t), u(L,t) = q(t), & t \ge 0. \end{cases}\qquad (4.3-23)$$

式(4.3-23) 中,方程和边界条件都是非齐次的,初始条件是非零值.不过方程、边界条件和初始条件都是线性的,所以叠加原理适用.为了方便、有效,可采用如下求解步骤:

（1）把非齐次边界条件化为齐次边界条件.设

$$u(x,t) = v(x,t) + w(x,t),\qquad (4.3-24)$$

式中,$w(x,t)$ 是一个适当选取的函数,它使新的未知函数 $v(x,t)$ 的边界条件化为齐次的,即

$$v(0,t) = u(0,t) - w(0,t) = p(t) - w(0,t) = 0,$$
$$v(L,t) = u(L,t) - w(L,t) = q(t) - w(L,t) = 0.$$

所以

$$w(0,t) = p(t), w(L,t) = q(t).\qquad (4.3-25)$$

而满足条件方程式(4.3-25) 的 $w(x,t)$ 有很多,例如,可以选取 $w(x,t)$ 为 x 的线性函数

$$w(x,t) = A(t)x + B(t),$$

那么由方程式(4.3-25) 得

$$A(t) = \frac{1}{L}\big[q(t) - p(t)\big], B(t) = p(t).$$

因此,

$$w(x,t) = p(t) + \frac{1}{L}\big[q(t) - p(t)\big]x.\qquad (4.3-26)$$

这样,关于 $v(x,t)$ 的定解问题为

$$\begin{cases} v_{tt} = a^2 v_{xx} + f_1(x,t), & 0 < x < L, t > 0, \\ v(x,0) = \varphi_1(x), v_t(x,0) = \psi_1(x), & 0 \le x \le L, \\ v(0,t) = 0, v(L,t) = 0, & t \ge 0, \end{cases}\qquad (4.3-27)$$

式中,

$$\begin{cases} f_1(x,t) = f(x,t) - p''(t) - \dfrac{1}{L}[q''(t) - p''(t)]x, \\[2mm] \varphi_1(x) = \varphi(x) - p(0) - \dfrac{1}{L}[q(0) - p(0)]x, \\[2mm] \psi_1(x) = \psi(x) - p'(0) - \dfrac{1}{L}[q'(0) - p'(0)]x. \end{cases} \tag{4.3-28}$$

（2）求解定解问题方程式（4.3-27），可用 4.2 中的特征函数法，亦可以通过叠加原理和齐次化求解.即设 $v_1(x,t)$、$v_2(x,t)$ 分别是下列定解问题

$$\begin{cases} v_{1tt} = a^2 v_{1xx} + f_1(x,t), & 0 < x < L, t > 0, \\ v_1(x,0) = 0, v_{1t}(x,0) = 0, & 0 \leqslant x \leqslant L, \\ v_1(0,t) = 0, v_1(L,t) = 0, & t \geqslant 0. \end{cases} \tag{4.3-29}$$

和

$$\begin{cases} v_{2tt} = a^2 v_{2xx}, & 0 < x < L, t > 0, \\ v_2(x,0) = \varphi_1(x), v_{2t}(x,0) = \psi_1(x), & 0 \leqslant x \leqslant L, \\ v_2(0,t) = 0, v_2(L,t) = 0, & t \geqslant 0. \end{cases}$$

的解，则 $v(x,t) = v_1(x,t) + v_2(x,t)$.这里 $v_2(x,t)$ 直接可以通过分离变量法求解，$v_1(x,t)$ 可利用齐次化原理求得.即若 $h(x,t;\tau)$ 是以 τ 为参数的初边值问题

$$\begin{cases} h_{tt} = a^2 h_{xx}, & 0 < x < L, t > \tau, \\ h(x,\tau) = 0, h_t(x,\tau) = f_1(x,\tau), & 0 \leqslant x \leqslant L, \\ h(0,t) = 0, h(L,t) = 0, & t \geqslant \tau. \end{cases} \tag{4.3-30}$$

的解，则 $v_1(x,t)$ 是定解问题方程式（4.3-29）的解.

将方程式（4.3-27）的解代入方程式（4.3-24），便得定解问题方程（4.3-23）的解.

注 4.3-1　函数 $w(x,t)$ 的选取具有很大的灵活性，上面选取为 x 的线性函数，只是因为边界条件是第一类的.如果边界条件不全是第一类的，本节的方法仍然适用，但 $w(x,t)$ 的形式是不同的.就下列几种边界条件的情况，分别给出相应的 $w(x,t)$ 的一种表达式.

（1）$u(0,t) = p(t)$，$u_x(L,t) = q(t)$，$w(x,t) = q(t)x + p(t)$；

（2）$u_x(0,t) = p(t)$，$u(L,t) = q(t)$，$w(x,t) = p(t)(x - L) + q(t)$；

（3）$u_x(0,t) = p(t)$，$u_x(L,t) = q(t)$，$w(x,t) = p(t)x + \dfrac{q(t) - p(t)}{2L}x^2$.

上面通过引进辅助函数 $w(x,t)$ 把边界条件化为齐次的方法，不仅适用于波动方程，而且也适用于其他类型方程.

注 4.3-2　对于一般的一维有界热传导问题，例如，定解问题

$$\begin{cases} u_t = a^2 u_{xx} + f(x,t), & 0 < x < L, t > 0, \\ u(x,0) = \varphi(x), & 0 \leqslant x \leqslant L, \\ u(0,t) = p(t), u(L,t) = q(t), & t \geqslant 0. \end{cases}$$

其求解步骤跟上述波动问题完全相似，对于二维、三维的有界波动和热传导问题的求解也

可仿此进行.

注4.3-3 当$f(x,t)$、$p(t)$、$q(t)$与t无关时,这类定解问题称为稳定的非齐次问题.这时,除了第二类边界条件外,一般可选取与时间t无关的函数$w(x)$,而使$v(x,t)$的方程和边界条件同时齐次化.

例4.3-4 解下列非齐次定解问题

$$\begin{cases} u_{tt} = a^2 u_{xx} + f(x), & 0 < x < L, t > 0, \\ u(x,0) = \varphi(x), u_t(x,0) = \psi(x), & 0 \leq x \leq L, \\ u(0,t) = A, u(L,t) = B, & t \geq 0. \end{cases} \tag{4.3-31}$$

式中,A, B是常数.

解 由**注4.3-3**,设$u(x,t) = v(x,t) + w(x)$,将其代入到定解问题方程式(4.3-31)中,得

$$v_{tt} = a^2 [v_{xx} + w''(x)] + f(x).$$

为使方程和边界条件都化为齐次的,我们选取$w(x)$满足

$$\begin{cases} a^2 w''(x) + f(x) = 0, & 0 < x < L, \\ w(0) = A, w(L) = B. \end{cases} \tag{4.3-32}$$

其解为

$$w(x) = A + \frac{B-A}{L} x + \frac{x}{a^2 L} \int_0^L (L-s) f(s) \mathrm{d}s - \frac{1}{a^2} \int_0^x \int_0^\eta (x-s) f(s) \mathrm{d}s \mathrm{d}\eta. \tag{4.3-33}$$

于是,$v(x,t)$满足的定解问题为

$$\begin{cases} v_{tt} = a^2 v_{xx}, & 0 < x < L, t > 0, \\ v(x,0) = \varphi(x) - w(x), v_t(x,0) = \psi(x), & 0 \leq x \leq L, \\ v(0,t) = v(L,t) = 0, & t \geq 0. \end{cases} \tag{4.3-34}$$

它是例4.1-1的形式.其解为$v(x,t) = \sum_{n=1}^\infty \left(a_n \cos \frac{n\pi at}{L} + b_n \sin \frac{n\pi at}{L} \right) \sin \frac{n\pi x}{L}$.

式中,系数分别为

$$\begin{cases} a_n = \frac{2}{L} \int_0^L [\varphi(x) - w(x)] \sin \frac{n\pi x}{L} \mathrm{d}x, \\ b_n = \frac{2}{n\pi a} \int_0^L \psi(x) \sin \frac{n\pi x}{L} \mathrm{d}x, & n = 1, 2, \cdots \end{cases} \tag{4.3-35}$$

因此,定解问题方程式(4.3-31)的解$u(x,t) = w(x) + v(x,t)$可求.

例4.3-5 求解下列非齐次定解问题

$$\begin{cases} u_{tt} = u_{xx} + xt - 2(x-1), & 0 < x < 1, t > 0, \\ u(x,0) = x, u_t(x,0) = x(x+1), & 0 \leq x \leq 1, \\ u(0,t) = t^2, u(1,t) = t, & t \geq 0, \end{cases} \tag{4.3-36}$$

解 先处理非齐次边界条件.令$u(x,t) = v(x,t) + w(x,t)$,若使得$v(x,t)$满足齐次边界条件,只需$w(x,t)$满足$w(0,t) = t^2$,$w(1,t) = t$,取$w(x,t) = (t-t^2)x + t^2$即可.于是,得到函数$v(x,t)$满足定解问题

$$\begin{cases} v_{tt} = v_{xx} + xt, & 0 < x < 1, \ t > 0, \\ v(x,0) = x, \ v_t(x,0) = x^2, & 0 \leqslant x \leqslant 1, \\ v(0,t) = 0, v(1,t) = 0, & t \geqslant 0. \end{cases} \tag{4.3-37}$$

设 $v_1(x,t)$ 是定解问题

$$\begin{cases} v_{1tt} = v_{1xx} + xt, & 0 < x < 1, \ t > 0, \\ v_1(x,0) = 0, \ v_{1t}(x,0) = 0, & 0 \leqslant x \leqslant 1, \\ v_1(0,t) = 0, v_1(1,t) = 0, & t \geqslant 0, \end{cases} \tag{4.3-38}$$

的解, $v_2(x,t)$ 是定解问题

$$\begin{cases} v_{2tt} = v_{2xx}, & 0 < x < 1, \ t > 0, \\ v_2(x,0) = x, \ v_{2t}(x,0) = x^2, & 0 \leqslant x \leqslant 1, \\ v_2(0,t) = 0, v_2(1,t) = 0, & t \geqslant 0, \end{cases} \tag{4.3-39}$$

的解,则由线性叠加原理 $v(x,t) = v_1(x,t) + v_2(x,t)$.

下面我们首先考虑方程式(4.3-38)的解.因非齐次项 xt 的出现,方程不能直接进行变量分离,可根据上一节的特征函数法求解(当然也可以通过叠加原理和齐次化原理求解).将未知函数 $v_1(x,t)$ 按齐次边界条件所对应的正交特征函数系展开,其形式解设为

$$v_1(x,t) = \sum_{n=1}^{\infty} T_n(t) \sin n\pi x,$$

将上式代入到方程式(4.3-38)中,得到

$$\sum_{n=1}^{\infty} [T''_n(t) + (n\pi a)^2 T_n(t)] \sin n\pi x = xt.$$

将上面等式右端函数 xt 关于变量 x 按特征函数系 $\{\sin n\pi x\}$, $n = 1,2,\cdots$ 展开成傅里叶级数

$$xt = \sum_{n=1}^{\infty} \frac{2t}{n\pi} (-1)^{n+1} \sin n\pi x.$$

于是

$$\sum_{n=1}^{\infty} [T''_n(t) + (n\pi)^2 T_n(t)] \sin n\pi x = \sum_{n=1}^{\infty} \frac{2(-1)^{n+1} t}{n\pi} \sin n\pi x.$$

比较系数,得

$$T''_n(t) + (n\pi)^2 T_n(t) = \frac{2(-1)^{n+1} t}{n\pi}. \tag{4.3-40}$$

由方程式(4.3-38)的初始条件

$$\begin{cases} \sum_{n=1}^{\infty} T_n(0) \sin n\pi x = 0, \\ \sum_{n=1}^{\infty} T'_n(0) \sin n\pi x = 0, \end{cases}$$

知 $T_n(0) = T'_n(0) = 0$,于是,得到初值问题

$$\begin{cases} T''_n(t) + (n\pi)^2 T_n(t) = \dfrac{2(-1)^{n+1}t}{n\pi}, \\ T_n(0) = T'_n(0) = 0. \end{cases} \tag{4.3-41}$$

易求得上述定解问题中的方程对应的齐次方程的通解为

$$T_n(t) = C_1 \cos n\pi t + C_2 \sin n\pi t, \tag{4.3-42}$$

且该方程具有形式为 $\overline{T}_n(t) = At + B$ 的特解. 下面用待定系数法求之. 将特解代入方程, 整理得

$$(n\pi)^2(At+B) = \frac{2(-1)^{n+1}t}{n\pi},$$

比较上式两端同次幂的系数, 得 $A = \dfrac{2(-1)^{n+1}}{(n\pi)^3}, B = 0$, 于是, 得方程的特解

$$\overline{T}_n(t) = \frac{2(-1)^{n+1}}{(n\pi)^3}t.$$

因此, 方程的通解为

$$T_n(t) = C_1 \cos n\pi t + C_2 \sin n\pi t + \frac{2(-1)^{n+1}}{(n\pi)^3}t.$$

由初值 $T_n(0) = 0$, 推出 $C_1 = 0$, 由 $T_n'(0) = 0$, 推出 $C_2 = \dfrac{2(-1)^n}{(n\pi)^4}$, 于是, 定解问题方程式 (4.3-38) 的解为

$$T_n(t) = \frac{2(-1)^n}{(n\pi)^4}\sin n\pi t + \frac{2(-1)^{n+1}}{(n\pi)^3}t.$$

故

$$v_1(x,t) = \sum_{n=1}^{\infty} \left[\frac{2(-1)^n}{(n\pi)^4}\sin n\pi t + \frac{2(-1)^{n+1}}{(n\pi)^3}t \right] \sin n\pi x.$$

直接由分离变量法, 得到方程式 (4.3-39) 的解为

$$v_2(x,t) = \sum_{n=1}^{\infty} \left[2\cos(n\pi t)\int_0^1 x\sin n\pi x \, \mathrm{d}x + \frac{2}{n\pi}\sin(n\pi t)\int_0^1 x^2\sin n\pi x \, \mathrm{d}x \right] \sin n\pi x$$

$$= \sum_{n=1}^{\infty} \left\langle \frac{(-1)^{n+1}2}{n\pi}\cos(n\pi t) + \frac{2}{n^2\pi^2}\left\{ (-1)^{n+1} + \left[(-1)^n - 1 \right]\frac{2}{n^2\pi^2} \right\}\sin(n\pi t) \right\rangle \sin n\pi x.$$

于是, 原定解问题有解

$$u(x,t) = v_1(x,t) + w(x,t) + v_2(x,t)$$

$$= \sum_{n=1}^{\infty} \left[\frac{2(-1)^n}{(n\pi)^4}\sin n\pi t + \frac{2(-1)^{n+1}}{(n\pi)^3}t \right] \sin n\pi x + (t - t^2)x + t^2$$

$$+ \sum_{n=1}^{\infty} \left\langle \frac{(-1)^{n+1}2}{n\pi}\cos n\pi t + \frac{2}{n^2\pi^2}\left\{ (-1)^{n+1} + \left[(-1)^n - 1 \right]\frac{2}{n^2\pi^2} \right\}\sin n\pi t \right\rangle \sin n\pi x.$$

4.4　分离变量法的主要步骤及 S-L 问题

4.4.1　分离变量法的主要步骤

用分离变量方法求解定解问题的主要步骤如下：

（1）根据区域边界的形状，适当选择坐标系.选取的原则是使坐标面(线) 与边界面(线)一致，这样可使边界条件简化，使在该坐标系中边界条件的表达式最为简单.如矩形区域可采用直角坐标系；圆、圆环、扇形等区域可采用极坐标系；圆柱区域采用柱面坐标系等.

（2）通过变量分离将满足齐次偏微分方程和齐次边界的解转化为常微分方程的定解问题.

（3）确定特征值和特征函数.由于特征函数是要经过叠加的，所以，用来确定特征函数的方程与条件，当函数经过有限次或无限次叠加后仍然要满足.当边界条件是齐次时，求特征值和对应的特征函数就是求一个满足常微分方程和零边界条件的非零解.

（4）定出特征值和特征函数后，再求其他常微分方程的解，然后把该解与特征函数相乘，得到变量分离的特解，形如 $u_n(x,t)$ 的函数，式中，包括任意常数.

（5）为了得到原定解问题的解，将所有变量分离的特解，如 $u_n(x,t)$ 叠加成级数，成为形式解，式中，任意常数由初始条件确定.

（6）为了使形式解确实成为古典解，还必须对定解条件附加适当的光滑性要求和相容性要求，以保证微分运算得以进行，并使微分后的级数仍然是收敛的.

4.4.2　施图姆 – 刘维尔(S-L) 问题

由 4.3 的讨论可知，运用分离变量法解偏微分方程定解问题的重要一步是求解特征值问题.所谓特征值问题，就是在一定的边界条件下，求一个含参数 λ 的齐次线性常微分方程的非零解问题.

分离变量法是否有效，完全取决于下列的基本理论问题：

（1）特征值是否存在？

（2）特征函数系是否存在？　若存在，是否构成某函数空间的完备正交系？

（3）给定的函数能否按照特征函数系展开？

对三角函数系,傅里叶级数理论对这些问题给出了肯定的回答.实施分离变量法时导出的线性变系数二阶常微分方程的特征值问题，是分离变量法的理论基础.这个理论称为施图姆 – 刘维尔(Sturm-Liouville,简称S-L) 理论，简记为S-L 理论，它同样对上述问题给出了肯定的回答.

考虑带有参数 λ 的二阶线性齐次常微分方程

$$a_1(x)\frac{\mathrm{d}^2 y}{\mathrm{d}x^2} + a_2(x)\frac{\mathrm{d}y}{\mathrm{d}x} + [a_3(x)+\lambda]y = 0, a < x < b, \tag{4.4-1}$$

式中，$a_1(x) \neq 0$.

如果引入

$$k(x) = \exp\left[\int_{x_0}^x \frac{a_2(t)}{a_1(t)}\mathrm{d}t\right], q(x) = -\frac{a_3(x)}{a_1(x)}k(x), \rho(x) = \frac{k(x)}{a_1(x)}, \qquad (4.4\text{-}2)$$

式中, x_0 是区间 $[a,b]$ 中任一点, 那么方程式 (4.4-1) 可以化为

$$\frac{\mathrm{d}}{\mathrm{d}x}\left[k(x)\frac{\mathrm{d}y}{\mathrm{d}x}\right] - q(x)y + \lambda\rho(x)y = 0, a < x < b, \qquad (4.4\text{-}3)$$

式中, λ 为参数, $k(x)$、$q(x)$、$\rho(x)$ 为实函数.

这个方程称为施图姆－刘维尔方程, 简称 S-L 方程. 我们在分离变量法中遇到的常微分方程都是方程式 (4.4-3) 的特例.

例如, 当 $k(x) = 1, q(x) = 0, \rho(x) = 1, a = 0, b = L$ 时, 方程式 (4.4-3) 变为

$$y'' + \lambda y = 0, 0 < x < L, \qquad (4.4\text{-}4)$$

它就是方程式 (4.4-3).

当 $k(x) = x, q(x) = \dfrac{n^2}{x}, \rho(x) = x, a = 0$ 时, 方程式 (4.4-3) 变为 n 阶贝塞尔 (Bessel) 方程.

$$\frac{\mathrm{d}}{\mathrm{d}x}\left(x\frac{\mathrm{d}y}{\mathrm{d}x}\right) - \frac{n^2}{x}y + \lambda xy = 0, 0 < x < b,$$

即

$$x^2 y'' + xy' + (\lambda x^2 - n^2)y = 0, 0 < x < b. \qquad (4.4\text{-}5)$$

当 $k(x) = 1 - x^2, q(x) = 0, \rho(x) = 1, a = 0, b = 1$ 时, 方程式 (4.4-3) 变为勒让德 (Legendre) 方程.

$$(1 - x^2)y'' - 2xy' + \lambda y = 0, 0 < x < 1. \qquad (4.4\text{-}6)$$

S-L 方程式 (4.4-3) 通常分为正则和奇异两种类型.

类型 1 如果区间 $[a,b]$ 有界, 系数 $k(x)$、$q(x)$、$\rho(x)$ 在 $[a,b]$ 上连续, 且 $k(x) > 0$, $\rho(x) > 0$, 则称 S-L 方程式 (4.1-3) 在 (a,b) 上是正则的 (非奇异的).

类型 2 如果区间 (a,b) 是无界区间, 或者当 $k(x)$ 或 $\rho(x)$ 在有限区间 $[a,b]$ 的一个端点或两个端点处等于零, 则称 S-L 方程式 (4.4-3) 在 (a,b) 上是奇异的. 例如, 勒让德方程在 $(0,1)$ 上是奇异的.

如果方程式 (4.4-3) 是正则的, 那么 $k(a) > 0$、$k(b) > 0$. 常见的边界条件是 $y(x)$、$y'(x)$ 在端点 a 和 b 处的值的线性组合. 第一、第二、第三类齐次边界条件可以统一表示成

$$\begin{cases} k_1 y'(a) + k_2 y(a) = 0, \\ l_1 y'(b) + l_2 y(b) = 0, \end{cases} \qquad (4.4\text{-}7)$$

式中, k_1、k_2、l_1、l_2 为实数, 且 k_1 与 k_2 不同时为零, l_1 与 l_2 不同时为零. 如果还有 $k(a) = k(b)$, 则可给出周期性边界条件

$$y(a) = y(b), y'(a) = y'(b). \qquad (4.4\text{-}8)$$

当边界点是函数 $k(x)$ 的一阶零点时, 此时, 方程式 (4.4-3) 是奇异的. 那么, 在该边界点上给出自然边界条件:

若 $k(a) = 0$, 则 $y(a)$、$y'(a)$ 有界; 若 $k(b) = 0$, 则 $y(b)$、$y'(b)$ 有界. $\qquad (4.4\text{-}9)$

施图姆－刘维尔理论就是求解由 S-L 方程式 (4.4-3) 和边界条件方程式 (4.4-7) [或周

期性边界条件方程式(4.1-8)或自然边界条件方程式(4.4-9)]组成的定解问题.显然,对每个 λ,施图姆 – 刘维尔问题有一个平凡解 $y(x) \equiv 0$.对施图姆 – 刘维尔问题,我们感兴趣的是非平凡解 $y(x) \neq 0$.如果存在 λ,使得施图姆 – 刘维尔问题有非平凡解 $y(x) \neq 0$,则这样的解 $y(x)$ 称为特征函数(或固有函数),对应的 λ,称为特征值(或固有值).因此,求 S-L 问题的非平凡解也称为特征值问题(或固有值问题).

关于特征值与特征函数问题,有下面一系列结论:

定理4.4-1　设S-L方程式(4.4-3)中的函数 $k(x)$、$k'(x)$、$q(x)$、$\rho(x)$ 是 $[a,b]$ 上的实值连续函数,$y_m(x)$ 和 $y_n(x)$ 是 S-L 问题的两个特征函数,分别对应于不同的特征值 λ_m 和 λ_n,则 $y_m(x)$ 和 $y_n(x)$ 关于权函数 $\rho(x)$ 在区间 $[a,b]$ 上正交,即

$$\int_a^b \rho(x) y_m(x) y_n(x) \mathrm{d}x = 0. \tag{4.4-10}$$

证明　由假设,$y_m(x)$ 满足

$$[k(x) y_m']' + [\lambda_m \rho(x) - q(x)] y_m = 0$$

和 $y_n(x)$ 满足

$$[k(x) y_n']' + [\lambda_n \rho(x) - q(x)] y_n = 0.$$

第一个方程乘以 y_n,第二个方程乘以 y_m,然后两式相减,得

$$(\lambda_m - \lambda_n) \rho y_m y_n = y_m (k y_n')' - y_n (k y_m')' = [(k y_n') y_m - (k y_m') y_n]'.$$

两边关于 x 从 a 到 b 积分得

$$\begin{aligned}
(\lambda_m - \lambda_n) \int_a^b \rho y_m y_n \mathrm{d}x &= [k(y_m y_n' - y_n y_m')]_a^b \\
&= k(b)[y_m(b) y_n'(b) - y_n(b) y_m'(b)] - \\
&\quad k(a)[y_m(a) y_n'(a) - y_n(a) y_m'(a)].
\end{aligned} \tag{4.4-11}$$

如果能够证明上式右端为零,则利用 $\lambda_m \neq \lambda_n$,就可以得到方程式(4.4-10).

我们分情况进行讨论.

第一种情况:若 $k(a) = k(b) = 0$,则方程式(4.4-11)右端为零.注意这里用到边界条件方程式(4.4-9).

第二种情况:若 $k(b) = 0, k(a) \neq 0$,则

$$k(b)[y_m(b) y_n'(b) - y_n(b) y_m'(b)] = 0.$$

下面证明方程式(4.4-11)右边第二项也为零.事实上,由方程式(4.4-7)中的第一个边界条件,得

$$k_1 y_m'(a) + k_2 y_m(a) = 0, k_1 y_n'(a) + k_2 y_n(a) = 0.$$

不失一般性,设 $k_1 \neq 0$.第一式乘以 $y_n(a)$,第二式乘以 $y_m(b)$,然后两式相减,得

$$k_1[y_m'(a) y_n(a) - y_m(a) y_n'(a)] = 0.$$

因为,$k_1 \neq 0$,所以,

$$y_m'(a) y_n(a) - y_m(a) y_n'(a) = 0.$$

这表明方程式(4.4-11)右边第二项也为零.

第三种情况:若 $k(a) = 0, k(b) \neq 0$,那么利用方程式(4.4-7)中的第二个边界条件,同样可以证明方程式(4.1-11)右端为零.

第四种情况：若 $k(a) \neq 0, k(b) \neq 0$，这时利用方程式(4.4-7)中的两组边界条件，同第二种情况中的证明类似，可以得到方程式(4.4-11)右端为零.

第五种情况：若 $k(a) = k(b)$，那么方程式(4.4-11)的右端为

$$k(a)[y_m(b)y_n'(b) - y_m'(b)y_n(b) - y_m(a)y_n'(a) + y_m'(a)y_n(a)]. \tag{4.4-12}$$

如果边界条件方程式(4.4-8)满足，则

$$y_m(a) = y_m(b), y_m'(a) = y_m'(b); y_n(a) = y_n(b), y_n'(a) = y_n'(b).$$

所以方程式(4.4-12)为零. 如果边界条件方程式(4.4-7)满足，同第二种情况中的证明类似，可以得到方程式(4.4-12)为零. 这样就完成了定理4.4-1的证明.

定理4.4-2 设 $k(x)$、$k'(x)$、$q(x)$、$\rho(x)$ 满足定理4.4-1的假设，且 $\rho(x) > 0, x \in (a,b)$，则S-L问题的所有特征值是实的，从而特征函数也是实的.

证明 设 $\lambda = \alpha + i\beta$ 是S-L问题的复特征值，对应的特征函数为 $y(x) = u(x) + iv(x)$，这里 α、β、$u(x)$、$v(x)$ 都是实的. 由于方程式(4.4-3)的系数都是实的，所以，这个特征值的共轭复数 $\bar{\lambda}$ 也是特征值. 于是，存在对应于特征值 $\bar{\lambda} = \alpha - i\beta$ 的特征函数 $\bar{y}(x) = u(x) - iv(x)$. 由定理4.4-1，特征函数 y 和 $\bar{y}$ 关于权函数 $\rho(x)$ 在 $[a,b]$ 上正交，即

$$0 = (\lambda - \bar{\lambda})\int_a^b \rho \bar{y}y \, dx = 2i\beta \int_a^b \rho(u^2 + v^2) \, dx,$$

这表明，当 $\rho(x) > 0, x \in (a,b)$ 时，β 必须为零. 所以，λ 是实数，从而对应的特征函数也必须是实的. 证毕.

定理4.4-2虽然指出S-L问题的所有特征函数都是实函数，但它并不保证S-L问题一定有特征值存在.

定理4.4-3 设 $k(x)$、$q(x)$、$\rho(x)$ 满足定理4.4-1和定理4.4-2的假设，则S-L问题存在可列无穷多个实的特征值，它们按大小可排成一列：

$$\lambda_0 < \lambda_1 < \lambda_2 < \cdots < \lambda_n < \cdots$$

式中，当 $n \to \infty$ 时，$\lambda_n \to +\infty$，且 $\lambda_n (n = 0,1,2,\cdots)$ 对应的特征函数 $y_n(x)$ 在区间 (a,b) 内恰好有 n 个零点. 此外，这些特征函数组成一个完备的正交系 $\{y_n(x)\}$.

进一步，若函数 $f(x)$ 在 $[a,b]$ 上满足狄利克雷条件和S-L问题的边界条件，那么函数 $f(x)$ 在 $[a,b]$ 上可以展开成 $\{y_n(x)\}$ 的傅里叶级数

$$f(x) = \sum_{n=0}^{\infty} C_n y_n(x), \tag{4.4-13}$$

式中，

$$C_n = \frac{\int_a^b \rho(x)f(x)y_n(x) \, dx}{Y_n}, Y_n = \int_a^b \rho(x)y_n^2(x) \, dx, n = 0,1,2,\cdots \tag{4.4-14}$$

且等式在积分平均的意义

$$\lim_{n \to \infty} \int_a^b \rho(x)[f(x) - S_n(x)]^2 dx = 0 \tag{4.4-15}$$

下成立，式中，

$$S_n(x) = \sum_{k=0}^{n} C_k y_k(x), n = 0,1,2,\cdots \tag{4.4-16}$$

如果 $f(x)$ 在 $[a,b]$ 上有一阶连续导数和分段连续的二阶导数,则级数方程式(4.4-13)在 $[a,b]$ 上绝对且一致收敛于 $f(x)$.

习题

1.设弹簧一端固定,另一端在外力作用下做周期振动,此时,定解问题归纳为

$$\begin{cases} \dfrac{\partial^2 u}{\partial t^2} = a^2 \dfrac{\partial^2 u}{\partial x^2}, \\ u(0,t) = 0, u(l,t) = A\sin\omega t, \\ u(x,0) = \dfrac{\partial u}{\partial t}(x,0) = 0. \end{cases}$$

求解此问题.

2.设长度为 L 且两端自由的均匀细杆,做微小纵向振动,且初始位移为 $\varphi(x)$,初始速度为 $\psi(x)$.试求杆做自由纵向振动的位移规律.上述物理问题可归结为求下列定解问题

$$\begin{cases} u_{tt} = a^2 u_{xx}, & 0 < x < L, t > 0, \\ u(x,0) = \varphi(x), u_t(x,0) = \psi(x), & 0 \leqslant x \leqslant L, \\ u_x(0,t) = u_x(L,t) = 0, & t \geqslant 0. \end{cases}$$

的非零解.式中,$u = u(x,t)$ 表示均匀细杆在位置 x、t 时刻的位移.

3.用分离变量法求下面问题的解

$$\begin{cases} \dfrac{\partial^2 u}{\partial t^2} + 2b\dfrac{\partial u}{\partial t} = a^2\dfrac{\partial^2 u}{\partial x^2}, & b > 0, \\ u\big|_{x=0} = u\big|_{x=l} = 0, \\ u\big|_{t=0} = \dfrac{h}{l}x, \dfrac{\partial u}{\partial t}\Big|_{t=0} = 0. \end{cases}$$

4.长度为 l 的均匀杆做纵向振动,均匀杆的一端固定,另一端受纵向力 $f(t) = F_0\sin\omega t$ 作用,初始位移与初始速度分别为 $\varphi(x)$ 与 $\psi(x)$,求均匀杆自由振动规律,即求下列定解问题

$$\begin{cases} u_{tt} = a^2 u_{xx}, & 0 < x < l, t > 0, \\ u(0,t) = 0, u_x(l,t) = \dfrac{F_0}{ES}\sin\omega t, \\ u(x,0) = \varphi(x), u_t(x,0) = \psi(x). \end{cases}$$

的解.式中,E 为杨氏模量,S 为均匀杆的横截面积.

5.求解初边值问题

$$\begin{cases} u_{tt} - a^2 u_{xx} = g, & 0 < x < l, t > 0, \\ u\big|_{x=0} = u_x\big|_{t=l} = 0, \\ u\big|_{t=0} = 0, u_t\big|_{t=0} = \sin\dfrac{\pi x}{2l}. \end{cases}$$

式中, g 为常数.

6.求解定解问题

$$\begin{cases} u_{tt} = u_{xx} + xt, & 0 < x < 1, t > 0, \\ u(x,0) = \sin x, \ u_t(x,0) = x, & 0 \leqslant x \leqslant 1, \\ u(0,t) = t, u(1,t) = t^2, & t \geqslant 0. \end{cases}$$

7.用分离变量法求解热传导方程的初边值问题

$$\begin{cases} \dfrac{\partial u}{\partial t} = \dfrac{\partial^2 u}{\partial x^2}, & t > 0, 0 < x < 1, \\[2mm] u(x,0) = \begin{cases} x, 0 < x \leqslant \dfrac{1}{2}, \\[2mm] 1 - x, \dfrac{1}{2} < x < 1, \end{cases} \\[2mm] u(0,t) = u(1,t) = 0, & t > 0. \end{cases}$$

8.在区域 $t > 0, 0 < x < l$ 中,求解如下的定解问题

$$\begin{cases} \dfrac{\partial u}{\partial t} = a^2 \dfrac{\partial^2 u}{\partial t^2} - \beta(u - u_0), \\[2mm] u(0,t) = u(1,t) = u_0, \\[2mm] u(x,0) = f(x). \end{cases}$$

式中, α 、 β 、 u_0 均为常数, $f(x)$ 为已知函数.

9.如果有一根长度为 l 的均匀细棒,其周围以及两端 $x = 0, x = l$ 均为绝热,初始温度分布为 $u(x,0) = f(x)$,问 t 时刻的温度分布如何? 且证明当 $f(x)$ 等于常数 u_0 时,恒有 $u(x,t) = u_0$.

10.求解半径为 ρ_0 的无限长圆柱形导体在匀强电场 E_0 中的电势分布.这个物理问题可以表示为定解问题

$$\begin{cases} \Delta u = 0, \ 0 \leqslant \rho \leqslant \rho_0, \\ u(\rho,\varphi) \big|_{\rho = \rho_0} = 0, \\ u \big|_{\rho \to \infty} = - E_0 \rho \cos\varphi. \end{cases}$$

11.半径为 a 的无限长空心圆柱体,分成两半,互相绝缘,一半电势为 V_0 ,另一半电势为 $-V_0$,求柱体中的电势分布.即求解定解问题

$$\begin{cases} \dfrac{1}{r} \dfrac{\partial}{\partial r}\left(r \dfrac{\partial u}{\partial r}\right) + \dfrac{1}{r^2} \dfrac{\partial^2 u}{\partial \varphi^2} = 0, & 0 \leqslant r \leqslant a, \\[2mm] u(a,\varphi) = \begin{cases} V_0, & 0 < \varphi < \pi, \\ - V_0, & \pi < \varphi < 2\pi. \end{cases} \end{cases}$$

第 5 章　傅里叶变换及其应用

本章介绍一种求解无界区域上偏微分方程定解问题的方法 —— 傅里叶变换法.这种方法是法国数学家 Joseph Fourier 于 1801 年在解释圆环面周围热流动时首先提出的.傅里叶变换是积分变换的一种,用积分变换去解微分方程,就如同用对数变换计算代数式的乘除法一样,通过傅里叶变换把线性偏微分方程变为含有较少变量的线性偏微分方程或常微分方程,从而使问题得到简化,再经过逆变换得到原问题的解.傅里叶变换法已经成为许多学科用来解决无界区域上与微分方程有关的定解问题的一个重要工具.

5.1　傅里叶变换及性质

5.1.1　傅里叶积分和傅里叶变换

傅里叶变换是积分变换的一种.所谓积分变换就是通过积分运算,把一个函数变成另一个函数的变换.一般是含有参变量 α 的积分 $F(\alpha) = \int_a^b f(t)K(t,\alpha)\,\mathrm{d}t$.它的实质是把某函数类 A 中的函数 $f(t)$ 通过上述积分的运算变成另一个函数类 B 中的函数 $F(\alpha)$.这里 $K(t,\alpha)$ 是一个确定的二元函数,称为积分变换的核.当选取不同的积分域和变换核时,就得到不同名称的积分变换.例如,取变换核 $K(t,\omega) = \mathrm{e}^{-\mathrm{i}\omega t}$,积分域 $(a,b) = (-\infty, +\infty)$,则有 $F(\omega) = \int_{-\infty}^{+\infty} f(t)\mathrm{e}^{-\mathrm{i}\omega t}\,\mathrm{d}t$($\omega$ 为实变量) 即为傅里叶变换.傅里叶变换在工程技术和系统分析的研究中有着广泛的应用.

在一定条件下,周期函数可以展开成傅里叶级数,只定义在有限区间上的函数也可以通过延拓的方式展开成傅里叶级数,但延拓后的函数也必须是周期函数.那么非周期函数呢？ 任何一个非周期函数 $f(t)$ 都可以看成是由某个周期函数 $f_T(t)$ 当 $T \to \infty$ 时转化而来的.即当把函数的周期推到无穷大,或把函数的边界推到无穷远时,周期函数就变成非周期函数. 这时,若仍然借用傅里叶级数展开的方式, 由于级数中相邻项之间的间隔 $\omega_1 = 2\pi/T$(T 表示周期) 在 $T \to \infty$ 时,$\omega_1 \to 0$,因而级数求和就变成积分,傅里叶级数就变成傅里叶积分(傅里叶变换).下面将从这一思路出发,从周期函数的傅里叶级数展开过渡到非周期函数的傅里叶变换.

如果函数 $f(x)$ 在区间 $[-L,L]$ 上满足狄利克雷条件,那么 $f(x)$ 在 $[-L,L]$ 上可以展开成以 $2L$ 为周期的傅里叶级数,而且在 $f(x)$ 的连续点 x 处成立

$$f(x) = \frac{a_0}{2} + \sum_{n=1}^{\infty} \left(a_n \cos \frac{n\pi x}{L} + b_n \sin \frac{n\pi x}{L} \right), \qquad (5.1\text{-}1)$$

式中，

$$a_n = \frac{1}{L} \int_{-L}^{L} f(t) \cos \frac{n\pi t}{L} \mathrm{d}t, \quad n = 0, 1, 2, \cdots \qquad (5.1\text{-}2)$$

$$b_n = \frac{1}{L} \int_{-L}^{L} f(t) \sin \frac{n\pi t}{L} \mathrm{d}t, \quad n = 0, 1, 2, \cdots \qquad (5.1\text{-}3)$$

把方程式(5.1-2) 和方程式(5.1-3) 代入到展开方程式(5.1-1) 中去. 我们得到

$$f(x) = \frac{1}{2L} \int_{-L}^{L} f(t) \mathrm{d}t + \frac{1}{L} \sum_{n=1}^{\infty} \int_{-L}^{L} f(t) \cos \frac{n\pi (t-x)}{L} \mathrm{d}t. \qquad (5.1\text{-}4)$$

现在，假定$f(x)$ 在$(-\infty, +\infty)$ 上绝对可积，即广义积分$\int_{-\infty}^{+\infty} |f(t)| \mathrm{d}t$ 收敛. 那么当$L \to +\infty$ 时，

$$|a_0| = \frac{1}{L} \left| \int_{-L}^{L} f(t) \mathrm{d}t \right| \le \frac{1}{L} \int_{-L}^{L} |f(t)| \mathrm{d}t \to 0,$$

于是，保持x 不变，当$L \to +\infty$ 时，方程式(5.1-4) 变为

$$f(x) = \lim_{L \to +\infty} \frac{1}{L} \sum_{n=1}^{\infty} \int_{-L}^{L} f(t) \cos \frac{n\pi (t-x)}{L} \mathrm{d}t. \qquad (5.1\text{-}5)$$

记$\omega_n = \frac{n\pi}{L}, \Delta \omega_n = \omega_{n+1} - \omega_n = \frac{\pi}{L} \triangleq \omega, (n = 1, 2, \cdots)$，则当$L \to +\infty$ 时，$\Delta \omega_n \to 0$，所以方程式(5.1-5) 可以写成

$$f(x) = \lim_{\Delta \omega_n \to 0} \frac{1}{\pi} \sum_{n=1}^{\infty} \Delta \omega_n \int_{-L}^{L} f(t) \cos \omega_n (t-x) \mathrm{d}t$$

$$= \frac{1}{\pi} \int_{0}^{+\infty} \int_{-\infty}^{+\infty} f(t) \cos \omega (t-x) \mathrm{d}t \mathrm{d}\omega \text{ 的函数}. \qquad (5.1\text{-}6)$$

这个积分表达式称为函数$f(x)$ 的傅里叶积分公式. 应该注意，上面的推导仅仅是形式上的，它不能说明这个广义积分的收敛性问题. 我们不加证明引用下面定理.

定理 5.1-1 （傅里叶积分定理）如果函数$f(x)$ 在$(-\infty, +\infty)$ 上的任一个有限区间上满足狄利克雷条件，在$(-\infty, +\infty)$ 上绝对可积，那么对任意$x \in (-\infty, +\infty)$，成立

$$\frac{1}{2}[f(x+0) + f(x-0)] = \frac{1}{\pi} \int_{0}^{+\infty} \int_{-\infty}^{+\infty} f(t) \cos \omega (t-x) \mathrm{d}t \mathrm{d}\omega. \qquad (5.1\text{-}7)$$

特别地，若$f(x)$ 在x 处连续，则

$$f(x) = \frac{1}{\pi} \int_{0}^{+\infty} \int_{-\infty}^{+\infty} f(t) \cos \omega (t-x) \mathrm{d}t \mathrm{d}\omega. \qquad (5.1\text{-}8)$$

下面，对傅里叶积分表达方程式(5.1-8) 进行适当的变换. 由欧拉公式

$$\cos \omega (t-x) = \frac{1}{2} [\mathrm{e}^{-\mathrm{i}\omega(t-x)} + \mathrm{e}^{\mathrm{i}\omega(t-x)}],$$

将其代入到方程式(5.1-8) 中，得到

$$f(x) = \frac{1}{2\pi} \int_0^{+\infty} \int_{-\infty}^{+\infty} f(t) e^{-i\omega(t-x)} dt d\omega + \frac{1}{2\pi} \int_0^{+\infty} \int_{-\infty}^{+\infty} f(t) e^{i\omega(t-x)} dt d\omega.$$

对上述右边第二项的积分进行换元,将积分变量由 ω 变为 $-\omega$,得

$$f(x) = \frac{1}{2\pi} \int_{-\infty}^{+\infty} \int_{-\infty}^{+\infty} f(t) e^{-i\omega t} e^{i\omega x} dt d\omega. \tag{5.1-9}$$

因此,定义傅里叶变换如下:

定义 5.1-1　设函数 $f(x)$ 在 $(-\infty, +\infty)$ 上的任一个有限区间上满足狄利克雷条件,在 $(-\infty, +\infty)$ 上绝对可积,称广义积分

$$F(\omega) = \int_{-\infty}^{+\infty} f(x) e^{-i\omega x} dx \tag{5.1-10}$$

为 $f(x)$ 的傅里叶变换,或者称为 $f(x)$ 的像函数. 通常记 $F(\omega) = F[f(x)]$. 而由方程式 (5.1-9) 可知

$$f(x) = \frac{1}{2\pi} \int_{-\infty}^{+\infty} F(\omega) e^{i\omega x} d\omega. \tag{5.1-11}$$

$f(x)$ 称为 $F(\omega)$ 的傅里叶逆变换,或者称为 $F(\omega)$ 的像原函数. 记 $f(x) = F^{-1}[F(\omega)]$. 可以说像函数 $F(\omega)$ 与像原函数 $f(x)$ 构成了一个傅里叶变换对,它们有相同的奇偶性.

注 5.1-1　若点 x 是 $f(x)$ 的第一类间断点,则由方程式 (5.1-7) 知,方程式 (5.1-11) 中 $f(x)$ 由 $\frac{1}{2}[f(x+0) + f(x-0)]$ 取代.

注 5.1-2　在有些参考文献中,因子 $\frac{1}{2\pi}$ 被分解 $\frac{1}{\sqrt{2\pi}} \cdot \frac{1}{\sqrt{2\pi}}$,并且分别含在方程式 (5.1-10) 和方程式 (5.1-11) 中. 而在方程式 (5.1-10) 中的函数 $e^{-i\omega x}$ 写成 $e^{i\omega x}$. 从而在方程式 (5.1-11) 中函数 $e^{i\omega x}$ 写成 $e^{-i\omega x}$. 本质上这些与定义 5.1-1 没有差别.

注 5.1-3　方程式 (5.1-11) 相当于把任意函数分解为简单的周期函数之和,物理意义是把一般的运动分解为简谐运动的叠加,把一般的电磁波 (光) 分解为单色电磁波 (光) 的叠加. 在频谱分析中,ω 为频率,信号 $f(t)$ 的傅里叶变换 $F(\omega)$ 称为频谱函数,而频谱函数的模 $|F(\omega)|$ 称为信号 $f(t)$ 的频谱,它反映了信号 $f(t)$ 中频率为 ω 的简谐波所占的份额. 将 $F(\omega)$ 做反变换,即把所有频率的谐波按频谱加权叠加,便得到了原信号. 这里 ω 的变化是连续的,因此,也称之为连续频谱.

接下来讨论傅里叶正弦变换和傅里叶余弦变换. 对于定义在半无界区间 $(0, \infty)$ 上的函数,可将其奇延拓 (偶延拓) 到整个区间 $(-\infty, \infty)$. 当 $f(x)$ 是 $(-\infty, +\infty)$ 上的奇函数,即 $f(-x) = -f(x)$,那么 $\int_{-\infty}^{+\infty} f(t) \cos\omega t dt = 0$, $\int_{-\infty}^{+\infty} f(t) \sin\omega t dt = 2 \int_0^{+\infty} f(t) \sin\omega t dt.$

由方程式 (5.1-8) 得

$$\begin{aligned} f(x) &= \frac{1}{\pi} \int_0^{+\infty} \int_{-\infty}^{+\infty} f(t) (\cos\omega t \cos\omega x + \sin\omega t \sin\omega x) dt d\omega \\ &= \frac{2}{\pi} \int_0^{+\infty} \int_0^{+\infty} f(t) \sin\omega t \sin\omega x d\omega dt, \end{aligned} \tag{5.1-12}$$

因此,定义

$$F_s(\omega) = \int_0^{+\infty} f(t)\sin\omega t\,dt, \qquad (5.1\text{-}13)$$

则

$$f(x) = \frac{2}{\pi}\int_0^{+\infty} F_s(\omega)\sin\omega x\,d\omega. \qquad (5.1\text{-}14)$$

函数 $F_s(\omega)$ 称为 $f(x)$ 的傅里叶正弦变换,记为 $F_s[f(x)]$.而由方程式(5.1-14)所确定的函数 $f(x)$ 称为 $F_s(\omega)$ 的傅里叶正弦逆变换.记为 $f(x) = F_s^{-1}[F_s(\omega)]$.

类似地,当 $f(x)$ 是 $(-\infty, +\infty)$ 上的偶函数时,积分

$$F_c[f(x)] = F_c(\omega) = \int_0^{+\infty} f(t)\cos\omega t\,dt \qquad (5.1\text{-}15)$$

称为 $f(x)$ 的傅里叶余弦变换,而

$$F_c^{-1}[F_c(\omega)] = f(x) = \frac{2}{\pi}\int_0^{+\infty} F_c(\omega)\cos\omega x\,d\omega \qquad (5.1\text{-}16)$$

称为 $F_c(\omega)$ 的傅里叶余弦逆变换.

显然,若函数 $f(x)$ 在 $(-\infty, +\infty)$ 上有定义,且满足傅里叶积分定理的条件,则其像函数 $F(\omega)$、$F_s(\omega)$、$F_c(\omega)$ 之间的关系满足:

当 $f(x)$ 为奇函数时,$F(\omega) = -2iF_s(\omega)$;当 $f(x)$ 为偶函数时,$F(\omega) = 2F_c(\omega)$.

如果函数 $f(x)$ 只在 $(0, +\infty)$ 上有定义且满足积分定理的条件,则可以通过奇延拓或偶延拓,得到的正弦变换或余弦变换.

傅里叶正弦变换和傅里叶余弦变换可用来求解半无界区间上的定解问题.

类似的,我们可以定义二维或三维无界空间的非周期函数的傅里叶积分,当然,也可以定义傅里叶变换,此时,称为多重傅里叶变换.例如,在三维无界空间中,若 $f(x,y,z)$ 是绝对可积且满足狄利克雷条件的函数,$f(x,y,z)$ 可展成三重复数形式的傅里叶积分,即

$$f(x,y,z) = \frac{1}{(2\pi)^3}\iiint_{R^3} F(\omega_x,\omega_y,\omega_z)\,e^{i(\omega_x x + \omega_y y + \omega_z z)}\,d\omega_x\,d\omega_y\,d\omega_z, \qquad (5.1\text{-}17)$$

式中,

$$F(\omega_x,\omega_y,\omega_z) = \iiint_{R^3} f(x,y,z)\,e^{-i(\omega_x x + \omega_y y + \omega_z z)}\,dx\,dy\,dz \qquad (5.1\text{-}18)$$

称为三维函数 $f(x,y,z)$ 的三重傅里叶变换,而方程式(5.1-17)则为三重傅里叶逆变换.我们能够看到,这里的三重傅里叶变换是通过对 x、y、z 分别取一重傅里叶变换得到的,只要一重傅里叶变换的获得是方便的,就不难获得多重傅里叶变换的结果.

若引入矢量 $r = (x,y,z)$,$\omega = (\omega_x,\omega_y,\omega_z)$,则方程式(5.1-17)、(5.1-18) 可记为

$$f(r) = \frac{1}{(2\pi)^3}\iiint_{R^3} F(\omega)\,e^{i\omega\cdot r}\,d\omega, \qquad (5.1\text{-}19)$$

$$F(\omega) = \iiint_{R^3} F(r)\,e^{-i\omega\cdot r}\,dr. \qquad (5.1\text{-}20)$$

例 5.1-1 求函数 $f(x) = e^{-a|x|}$ 的傅里叶变换,式中,常数 $a > 0$.

解　由定义

$$F(\omega) = \int_{-\infty}^{+\infty} e^{-a|x|} e^{-i\omega x} dx = \int_{-\infty}^{0} e^{x(a-i\omega)} dx + \int_{0}^{+\infty} e^{x(-a-i\omega)} dx$$

$$= \frac{1}{a+i\omega} + \frac{1}{a-i\omega} = \frac{2a}{a^2+\omega^2}$$

例 5.1-2　求函数 $f(x) = e^{-bx}$ 的傅里叶余弦变换,式中,常数 $b > 0$,并由此计算积分值

$$I = \int_{0}^{+\infty} \frac{\cos\omega x}{\omega^2 + b^2} d\omega.$$

解　由定义,$f(x)$ 的傅里叶余弦变换

$$F_c(\omega) = \int_{0}^{+\infty} f(x)\cos\omega x dx = \int_{0}^{+\infty} e^{-bx}\cos\omega x dx$$

$$= \frac{e^{-bx}}{\omega^2 + b^2}(-b\cos\omega x + \omega\sin\omega x)\Big|_{0}^{+\infty} = \frac{b}{\omega^2 + b^2},$$

所以,由傅里叶余弦逆变换得

$$f(x) = \frac{2}{\pi}\int_{0}^{+\infty} F_c(\omega)\cos\omega x d\omega,$$

即

$$e^{-bx} = \frac{2}{\pi}\int_{0}^{+\infty} \frac{b}{\omega^2 + b^2}\cos\omega x d\omega,$$

所以

$$\int_{0}^{+\infty} \frac{\cos\omega x}{\omega^2 + b^2} d\omega = \frac{\pi}{2b}e^{-bx}.$$

例 5.1-3　求单矩形脉冲的傅里叶变换[如图 5.1-1(a)所示],图中 E 为脉冲强度,τ 为脉冲宽度.

解　$F(\omega) = \int_{-\infty}^{\infty} f(x)e^{-i\omega x} dx = \int_{-\tau/2}^{\tau/2} Ee^{-i\omega x} dx = E\tau\dfrac{\sin\dfrac{\omega\tau}{2}}{\omega\tau/2} = E\tau Sa\left(\dfrac{\omega\tau}{2}\right),$

式中,$Sa\left(\dfrac{\omega\tau}{2}\right)$ 为取样函数.$f(x)$,$F(\omega)$ 如图 5.1-1(b)所示.

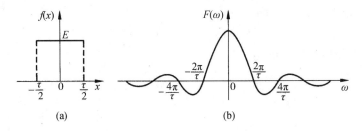

(a)　　　　　　　　(b)

图 5.1-1

若 $f(x)$ 是脉冲电信号,则 $F(\omega)$ 就是该信号的频谱,它含有一切频率分量(除个别零点 $\frac{2k\pi}{\tau}$ 外),当然这些不同的频率分量权重不同,随着 ω 的增加,它按 $Sa\left(\frac{\omega\tau}{2}\right)$ 的规律衰减.从能量角度看,信号的能量主要集中在 $\left(0,\frac{2\pi}{\tau}\right)$ 的频率范围,有时称 $\frac{2\pi}{\tau}=B$ 为带宽.从通信角度看,脉宽 τ 代表通信速度,τ 越小,通信速度越快,但引起的负面效应是 $B=\frac{2\pi}{\tau}$ 增大,即信号所占带宽增大,这反映了现代通信技术中提高通信速度与有限的带宽资源之间所构成的一对矛盾.

例 5.1-4 求单位脉冲函数 $\delta(t)$ 的傅里叶变换.

解 $\delta(t)$ 的傅里叶变换为

$$F(\omega)=\int_{-\infty}^{\infty}\delta(t)\mathrm{e}^{-\mathrm{i}\omega t}\mathrm{d}t=1.$$

也就是说,单位脉冲函数 $\delta(t)$ 的傅里叶变换为常数.若 $\delta(t)$ 表示时间信号,则 $F(\omega)$ 代表其频谱,这种频谱在整个频率范围内均匀分布,称为白色谱或均匀谱.$\delta(t)$ 及其频谱 $F(\omega)$ 如图 5.1-2 所示.

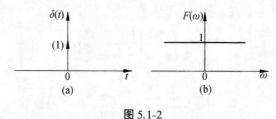

图 5.1-2

5.1.2 傅里叶变换的性质

（1）线性性质

若已知 $F[f_1(x)]=F_1(\omega)$,$F[f_2(x)]=F_2(\omega)$,则有

$$F[c_1f_1(t)+c_2f_2(t)]=c_1F_1(\omega)+c_2F_2(\omega),\tag{5.1-21}$$

式中,c_1、c_2 为任意常数.应用傅里叶变换的定义可以证明傅里叶变换的线性性质.

（2）对称性质

若已知 $F[f(x)]=F(\omega)$,则

$$F[F(x)]=2\pi f(-\omega).\tag{5.1-22}$$

证明 由傅里叶逆变换的定义有

$$f(x)=\frac{1}{2\pi}\int_{-\infty}^{\infty}F(\omega)\mathrm{e}^{\mathrm{i}\omega x}\mathrm{d}\omega,$$

故

$$f(-x)=\frac{1}{2\pi}\int_{-\infty}^{\infty}F(\omega)\mathrm{e}^{-\mathrm{i}\omega x}\mathrm{d}\omega,$$

将变量 x 与 ω 对换,可得

$$2\pi f(-\omega) = \int_{-\infty}^{\infty} F(x) e^{-i\omega x} dx,$$

即

$$F[F(x)] = 2\pi f(-\omega).$$

（3）相似性定理

若 $F[f(x)] = F(\omega)$，则

$$F[f(ax)] = \frac{1}{|a|} F\left(\frac{\omega}{a}\right), a \neq 0. \tag{5.1-23}$$

证明　由傅里叶变换的定义有

$$F[f(ax)] = \int_{-\infty}^{\infty} f(ax) e^{-i\omega x} dx,$$

作变量替换 $y = ax$，当 $a > 0$ 时，则有

$$F[f(ax)] = \frac{1}{a} \int_{-\infty}^{\infty} f(y) e^{-i\frac{\omega}{a} y} dy = \frac{1}{a} F\left(\frac{\omega}{a}\right) = \frac{1}{|a|} F\left(\frac{\omega}{a}\right).$$

当 $a < 0$ 时，则有

$$F[f(ax)] = \frac{1}{a} \int_{\infty}^{-\infty} f(y) e^{-i\frac{\omega}{a} y} dy = -\frac{1}{a} \int_{-\infty}^{\infty} f(y) e^{-i\frac{\omega}{a} y} dy = \frac{1}{|a|} F\left(\frac{\omega}{a}\right).$$

下面，说明相似性定理的物理意义.若 x 为时间 t，则 ω 为频率.$f(t)$ 为时间信号，$F(\omega)$ 为 $f(t)$ 的频谱函数.$f(at)$ 表示函数在时间轴上以 $\frac{1}{a}$ 的比例压缩，对应频谱 $F\left(\frac{\omega}{a}\right)$ 在频率轴上展宽 a 倍，也就是说，信号在时域上的压缩等效于其频谱在频域中的展宽；反之，信号在时域上的展宽等效于频谱在频域中的压缩.换言之，压缩信号的持续时间（加快信号变化速度），则必须以展宽频带为代价.这从另一个角度说明现代通信中提高通信速度与多占用频带宽度的矛盾.

（4）延迟定理

若 $F[f(x)] = F(\omega)$，则

$$F[f(x-x_0)] = F(\omega) e^{-i\omega x_0}. \tag{5.1-24}$$

证明　$F[f(x-x_0)] = \int_{-\infty}^{\infty} f(x-x_0) e^{-i\omega x} dx$，作变量替换，令 $x - x_0 = y$，则有

$$F[f(x-x_0)] = \int_{-\infty}^{\infty} f(y) e^{-i\omega(y+x_0)} dy = e^{-i\omega x_0} \int_{-\infty}^{\infty} f(y) e^{-i\omega y} dy = F(\omega) e^{-i\omega x_0}.$$

同理，可证

$$F[f(x+x_0)] = F(\omega) e^{i\omega x_0}. \tag{5.1-25}$$

同样，傅里叶逆变换亦具有类似的位移性质，即 $F^{-1}[F(\omega - \omega_0)] = f(x) e^{i\omega_0 x}$.

（5）频移定理

若 $F[f(x)] = F(\omega)$，则

$$F[f(x) e^{i\omega_0 x}] = F(\omega - \omega_0). \tag{5.1-26}$$

证明 $F[f(x)e^{i\omega_0 x}] = \int_{-\infty}^{\infty} f(x)e^{i\omega_0 x}e^{-i\omega x}dx = \int_{-\infty}^{\infty} f(x)e^{-i(\omega-\omega_0)x}dx = F(\omega - \omega_0).$

同理可证

$$F[f(x)e^{-i\omega_0 x}] = F(\omega + \omega_0). \tag{5.1-27}$$

频移定理的物理意义：若 $f(x)$ 是时间信号 $f(t)$，则 $F(\omega)$ 是频谱函数. 频移原理就是将传输信号 $f(t)$ 乘以高频正弦信号 $\sin\omega_0 t(\cos\omega_0 t)$ 进行调制，调制后的信号频谱将移到高频处，从而实现无线电广播信号的有效传播和通信技术的频分复用. 实际上，由于

$$\sin\omega_0 t = \frac{1}{2i}(e^{i\omega_0 t} - e^{-i\omega_0 t}), \quad \cos\omega_0 t = \frac{1}{2}(e^{i\omega_0 t} + e^{-i\omega_0 t}),$$

则有

$$\begin{aligned} F[f(t)\cos\omega_0 t] &= F\left[\frac{1}{2}f(t)(e^{i\omega_0 t} + e^{-i\omega_0 t})\right] \\ &= F\left[\frac{1}{2}f(t)e^{i\omega_0 t} + \frac{1}{2}f(t)e^{-i\omega_0 t}\right] \\ &= \frac{1}{2}F(\omega - \omega_0) + \frac{1}{2}F(\omega + \omega_0). \end{aligned} \tag{5.1-28}$$

同理可得

$$F[f(t)\sin\omega_0 t] = \frac{i}{2}F(\omega + \omega_0) - \frac{i}{2}F(\omega - \omega_0). \tag{5.1-29}$$

可见 $f(t)$ 与 $\cos\omega_0 t$ 或 $\sin\omega_0 t$ 相乘（调制）后频谱函数分成两项，并分别沿 ω 轴向左、向右移到高频 ω_0 处，由于 $-\omega_0$（负频）无物理意义，它只是数学上的结果，真实的结果是把频率移到高频 ω_0 处.

（6）微分定理

若 $F[f(x)] = F(\omega)$，则有

$$F[f'(x)] = i\omega F(\omega). \tag{5.1-30}$$

证明 由傅里叶逆变换的定义有

$$f(x) = \frac{1}{2\pi}\int_{-\infty}^{\infty} F(\omega)e^{i\omega x}d\omega,$$

两边对 x 求导数，得

$$f'(x) = \frac{1}{2\pi}\int_{-\infty}^{\infty} F(\omega)i\omega e^{i\omega x}d\omega,$$

即

$$F(\omega)i\omega = \int_{-\infty}^{\infty} f'(x)e^{-i\omega x}dx.$$

同理可证

$$F[f^{(n)}(x)] = (i\omega)^n F(\omega).$$

同样，还能得到像函数的导数公式. 设 $F[f(x)] = F(\omega)$，则 $\dfrac{d}{d\omega}F(\omega) = F[-ixf(x)]$. 一般

地,有$\dfrac{\mathrm{d}^n}{\mathrm{d}\omega^n}F(\omega) = (-\mathrm{i})^n F[x^n f(x)]$

(7) 积分定理

若 $F[f(x)] = F(\omega)$,则

$$F\left[\int f(\zeta)\,\mathrm{d}\zeta\right] = \frac{1}{\mathrm{i}\omega}F(\omega). \tag{5.1-31}$$

证明　记 $\int f(\zeta)\,\mathrm{d}\zeta = \varphi(x)$,则 $\varphi'(x) = f(x)$.对 $\varphi(x)$ 应用微分定理,则有

$$F[\varphi'(x)] = \mathrm{i}\omega F[\varphi(x)],$$

于是有

$$F\left[\int f(\zeta)\,\mathrm{d}\zeta\right] = \frac{1}{\mathrm{i}\omega}F[f(x)] = \frac{1}{\mathrm{i}\omega}F(\omega).$$

微分定理与积分定理说明,对原函数的微积分方程取傅里叶变换后,简化成像函数的代数方程.这种作用类似于利用对数把复杂的乘除运算简化为加减运算.

(8) 卷积定理

若 $F[f_1(x)] = F_1(\omega)$,$F[f_2(x)] = F_2(\omega)$,则

$$F[f_1(x) \cdot f_2(x)] = F_1(\omega)F_2(\omega), \tag{5.1-32}$$

式中,$f_1(x) \cdot f_2(x) = \displaystyle\int_{-\infty}^{\infty} f_1(\zeta)f_2(x-\zeta)\,\mathrm{d}\zeta$,称为 $f_1(x)$ 与 $f_2(x)$ 的卷积.

证明　$F[f_1(x) \cdot f_2(x)] = \displaystyle\int_{-\infty}^{\infty}\left[\int_{-\infty}^{\infty} f_1(\zeta)f_2(x-\zeta)\,\mathrm{d}\zeta\right]\mathrm{e}^{-\mathrm{i}\omega x}\,\mathrm{d}x$

$$= \int_{-\infty}^{\infty} f_1(\zeta)\left[\int_{-\infty}^{\infty} f_2(x-\zeta)\mathrm{e}^{-\mathrm{i}\omega x}\,\mathrm{d}x\right]\mathrm{d}\zeta$$

$$= \int_{-\infty}^{\infty} f_1(\zeta)\left[\int_{-\infty}^{\infty} f_2(x-\zeta)\mathrm{e}^{-\mathrm{i}\omega(x-\zeta)}\,\mathrm{d}x\right]\mathrm{e}^{-\mathrm{i}\omega\zeta}\,\mathrm{d}\zeta$$

$$= \int_{-\infty}^{\infty} f_1(\zeta)F_2(\omega)\mathrm{e}^{-\mathrm{i}\omega\zeta}\,\mathrm{d}\zeta$$

$$= F_2(\omega)\int_{-\infty}^{\infty} f_1(\zeta)\mathrm{e}^{-\mathrm{i}\omega\zeta}\,\mathrm{d}\zeta = F_1(\omega)F_2(\omega).$$

方程式(5.1-32) 也可写成:

$$F^{-1}[F_1(\omega)F_2(\omega)] = f_1(x) \cdot f_2(x).$$

若 $f_1(x)$ 与 $f_2(x)$ 为时间信号,卷积定理说明两个时间信号卷积的频谱等于原来两个时间信号频谱的乘积,换言之,时域上的卷积运算等效于频域上的乘积运算.

5.2　傅里叶变换的应用

例 5.2-1　求解下列无限长度杆的热传导方程的初值问题

$$\begin{cases} u_t = a^2 u_{xx} + f(x,t), & -\infty < x < +\infty,\ t > 0, \\ u(x,0) = \varphi(x), & -\infty < x < +\infty. \end{cases} \tag{5.2-1}$$

解　以 $U(\omega,t)$、$F(\omega,t)$ 和 $\Phi(\omega)$ 分别表示函数 $u(x,t)$、$f(x,t)$ 和 $\varphi(x)$ 关于 x 的傅里叶变换. 对方程式(5.2-1)中的方程和初值条件关于 x 作傅里叶变换, 得到一个以 ω 为参数的常微分方程的初值问题

$$\begin{cases} U_t + \omega^2 a^2 U = F(\omega,t), t > 0, \\ U(\omega,0) = \Phi(\omega). \end{cases} \tag{5.2-2}$$

由一阶常微分方程求解公式和常用的傅里叶变换公式 $F\left[\dfrac{1}{2a\sqrt{\pi t}}e^{-\frac{x^2}{4a^2 t}}\right] = e^{-\omega^2 a^2 t}$ 得

$$U(\omega,t) = \Phi(\omega)e^{-\omega^2 a^2 t} + \int_0^t F(\omega,\tau)e^{-\omega^2 a^2 (t-\tau)}\,d\tau$$

$$= \Phi(\omega)F\left[\frac{1}{2a\sqrt{\pi t}}e^{-\frac{x^2}{4a^2 t}}\right] + \int_0^t F(\omega,\tau)F\left[\frac{1}{2a\sqrt{\pi(t-\tau)}}e^{-\frac{x^2}{4a^2(t-\tau)}}\right]d\tau.$$

于是问题方程式(5.2-1)的解为

$$u(x,t) = F^{-1}[U] = F^{-1}\left[\Phi(\omega)F\left(\frac{1}{2a\sqrt{\pi t}}e^{-\frac{x^2}{4a^2 t}}\right)\right] +$$

$$F^{-1}\left\{\int_0^t F(\omega,\tau)F\left[\frac{1}{2a\sqrt{\pi(t-\tau)}}e^{-\frac{x^2}{4a^2(t-\tau)}}\right]\right\}d\tau.$$

由傅里叶变换的卷积性质得

$$F^{-1}\left[\Phi(\omega)F\left(\frac{1}{2a\sqrt{\pi t}}e^{-\frac{x^2}{4a^2 t}}\right)\right] = F^{-1}\left[F\left(\varphi(x)\cdot\frac{1}{2a\sqrt{\pi t}}e^{-\frac{x^2}{4a^2 t}}\right)\right]$$

$$= \frac{1}{2a\sqrt{\pi t}}\int_{-\infty}^{+\infty}\varphi(\xi)e^{-\frac{(x-\xi)^2}{4a^2 t}}\,d\xi.$$

同理可得

$$F^{-1}\left[\int_0^t F(\omega,\tau)e^{-\omega^2 a^2(t-\tau)}\,d\tau\right] = \int_0^t F^{-1}\left\{F(\omega,\tau)F\left[\frac{1}{2a\sqrt{\pi(t-\tau)}}e^{-\frac{x^2}{4a^2(t-\tau)}}\right]\right\}d\tau$$

$$= \int_0^t F^{-1}\left\langle F\left\{f(x,\tau)\cdot\left[\frac{1}{2a\sqrt{\pi(t-\tau)}}e^{-\frac{x^2}{4a^2(t-\tau)}}\right]\right\}\right\rangle d\tau$$

$$= \int_0^t\int_{-\infty}^{+\infty}\frac{f(\xi,\tau)}{2a\sqrt{\pi(t-\tau)}}e^{-\frac{(x-\xi)^2}{4a^2(t-\tau)}}\,d\xi d\tau.$$

所以初值问题方程式(5.2-1)的形式解为

$$u(x,t) = \frac{1}{2a\sqrt{\pi t}}\int_{-\infty}^{+\infty}\varphi(\xi)e^{-\frac{(x-\xi)^2}{4a^2 t}}\,d\xi$$

$$+ \int_0^t\int_{-\infty}^{+\infty}\frac{f(\xi,\tau)}{2a\sqrt{\pi(t-\tau)}}e^{-\frac{(x-\xi)^2}{4a^2(t-\tau)}}\,d\xi d\tau. \tag{5.2-3}$$

上述形式解是在假设上面各种运算都可以进行的情况下得到的. 它是否为古典解, 还有待说明.

例 5.2-2　利用傅里叶变换方法求解以下波动方程的初值问题

$$\begin{cases} u_{tt} = a^2 u_{xx}, & -\infty < x < +\infty, t > 0, \\ u(x,0) = \varphi(x), u_t(x,0) = \psi(x), & -\infty < x < +\infty. \end{cases} \tag{5.2-4}$$

解　记 $U(\omega,t) = F[u(x,t)], \Phi(\omega) = F[\varphi(x)], \Psi(\omega) = F[\psi(x)]$，那么定解问题 (5.2-4) 变为

$$\begin{cases} U_{tt} + \omega^2 a^2 U = 0, & -\infty < \omega < +\infty, t > 0, \\ U(\omega,0) = \Phi(\omega), U_t(\omega,0) = \Psi(\omega), & -\infty < \omega < +\infty. \end{cases} \tag{5.2-5}$$

这是一个带参数 ω 的二阶线性齐次常微分方程的初值问题，其解为

$$U(\omega,t) = \Phi(\omega)\cos\omega at + \frac{1}{\omega a}\Psi(\omega)\sin\omega at. \tag{5.2-6}$$

根据傅里叶逆变换的定义及延迟性质，计算

$$\begin{aligned} F^{-1}[\Phi(\omega)\cos\omega at] &= \frac{1}{2\pi}\int_{-\infty}^{+\infty}\Phi(\omega)\cos\omega at e^{i\omega x}d\omega \\ &= \frac{1}{4\pi}\int_{-\infty}^{+\infty}\Phi(\omega)(e^{-i\omega at} + e^{i\omega at})e^{i\omega x}d\omega \\ &= \frac{1}{4\pi}\int_{-\infty}^{+\infty}\Phi(\omega)(e^{i\omega(x+at)} + e^{i\omega(x-at)})d\omega \\ &= \frac{1}{2}[\varphi(x+at) + \varphi(x-at)]. \end{aligned}$$

用傅里叶变换的定义、积分性质和延迟性质，计算

$$\begin{aligned} F^{-1}\left[\frac{1}{\omega a}\Psi(\omega)\sin\omega at\right] &= \frac{1}{2\pi}\int_{-\infty}^{+\infty}\Psi(\omega)\frac{\sin\omega at}{\omega a}e^{i\omega x}d\omega \\ &= \frac{1}{4\pi}\int_{-\infty}^{+\infty}\Psi(\omega)\frac{i}{\omega a}(e^{-i\omega at} - e^{i\omega at})e^{i\omega x}d\omega \\ &= \frac{1}{4\pi a}\int_{-\infty}^{+\infty}\Psi(\omega)\frac{1}{\omega i}(e^{i\omega(x+at)} - e^{i\omega(x-at)})d\omega \\ &= \frac{1}{4\pi a}\int_{-\infty}^{+\infty}\Psi(\alpha)\int_{x-at}^{x+at}e^{i\omega\xi}d\xi d\omega \\ &= \frac{1}{4\pi a}\int_{x-at}^{x+at}\int_{-\infty}^{+\infty}\Psi(\omega)e^{i\omega\xi}d\omega d\xi \\ &= \frac{1}{2a}\int_{x-at}^{x+at}\psi(\xi)d\xi. \end{aligned}$$

所以原定解问题方程式 (5.2-4) 的解为

$$u(x,t) = \frac{1}{2}[\varphi(x+at) + \varphi(x-at)] + \frac{1}{2a}\int_{x-at}^{x+at}\psi(\xi)d\xi. \tag{5.2-7}$$

这就是波动方程的达朗贝尔解. 当然，对方程式 (5.2-6) 两端同时取傅里叶逆变换，并根据傅里叶变换的延迟性质和积分性质，亦可直接得到方程式 (5.2-7).

例 5.2-3　用傅里叶变换方法求解无界弦的振动问题

$$\begin{cases} u_{tt} = c^2 u_{xx}, & -\infty < x < \infty, t > 0, \\ u \mid_{t=0} = u_0 e^{-(x/a)^2}, \\ u_t \mid_{t=0} = 0. \end{cases} \tag{5.2-8}$$

解　设 $F[u(x,t)] = U(\omega,t) = \int_{-\infty}^{\infty} u(x,t) e^{-i\omega x} dx$，对定解问题(5.2-8)中的方程取傅里叶变换，有

$$\frac{d^2 U(\omega,t)}{dt^2} + \omega^2 c^2 U(\omega,t) = 0. \tag{5.2-9}$$

对定解问题方程式(5.2-8)的初始条件也取傅里叶变换，则有

$$U \mid_{t=0} = \int_{-\infty}^{\infty} u_0 e^{-(\frac{x}{a})^2} e^{-i\omega x} dx = u_0 \sqrt{\pi} a e^{-\frac{\omega^2 a^2}{4}}. \tag{5.2-10}$$

上式也可查傅里叶变换表得到. 因此，$U(\omega,t)$ 满足下列定解问题

$$\begin{cases} \dfrac{d^2 U}{dt^2} + \omega^2 c^2 U = 0, \\ U \mid_{t=0} = \sqrt{\pi} a u_0 e^{-\frac{\omega^2 a^2}{4}}, \\ \dfrac{dU}{dt} \bigg|_{t=0} = 0. \end{cases} \tag{5.2-11}$$

解定解问题方程式(5.2-11)，得到

$$U(\omega,t) = \sqrt{\pi} a u_0 e^{-\frac{\omega^2 a^2}{4}} \cos\omega ct. \tag{5.2-12}$$

求 $U(\omega,t)$ 的逆变换，运用延迟性质，可得

$$u(x,t) = \frac{1}{2\pi} \int_{-\infty}^{\infty} U(\omega,t) e^{i\omega x} d\omega = \frac{\sqrt{\pi} u_0 a}{2\pi} \int_{-\infty}^{\infty} e^{-\frac{\omega^2 a^2}{4}} \cos\omega ct \, e^{i\omega x} d\omega$$

$$= \frac{u_0 a}{4\sqrt{\pi}} \int_{-\infty}^{\infty} e^{-\frac{\omega^2 a^2}{4}} (e^{-i\omega ct} + e^{i\omega ct}) e^{i\omega x} d\omega$$

$$= \frac{u_0}{2} \left[e^{-\left(\frac{x+ct}{a}\right)^2} + e^{-\left(\frac{x-ct}{a}\right)^2} \right].$$

它表示初始位移分两部分，分别以速度 c 向前、向后传播.

例 5.2-4　利用傅里叶变换方法求解下列波动方程的初值问题

$$\begin{cases} u_{tt} = a^2 u_{xx} + f(x,t), & -\infty < x < +\infty, t > 0, \\ u(x,0) = \varphi(x), u_t(x,0) = \psi(x), & -\infty < x < +\infty. \end{cases} \tag{5.2-13}$$

解　记 $U(\omega,t) = F[u(x,t)]$，$\Phi(\omega) = F[\varphi(x)]$，$\Psi(\omega) = F[\psi(x)]$，$F(\omega,t) = F[f(x,t)]$. 那么问题方程式(5.2-13)变为

$$\begin{cases} U_{tt} + \omega^2 a^2 U = F(\omega,t), & -\infty < \omega < +\infty, t > 0, \\ U(\omega,0) = \Phi(\omega), U_t(\omega,0) = \Psi(\omega), & -\infty < \omega < +\infty. \end{cases} \tag{5.2-14}$$

这是一个带参数 ω 的二阶常系数线性非齐次常微分方程的初值问题,由常数变异法可求得其解为

$$U(\omega,t) = \Phi(\omega)\cos\omega at + \frac{1}{\omega a}\Psi(\omega)\sin\omega at$$

$$+ \frac{1}{\omega a}\int_0^t F(\omega,\tau)\sin\omega a(t-\tau)\mathrm{d}\tau. \qquad (5.2\text{-}15)$$

根据延迟性质,计算

$$F^{-1}[\Phi(\omega)\cos\omega at] = F^{-1}\left\{F[\varphi(x)]\frac{\mathrm{e}^{\mathrm{i}\omega at}+\mathrm{e}^{-\mathrm{i}\omega at}}{2}\right\}$$

$$= \frac{1}{2}F^{-1}\{F[\varphi(x)]\mathrm{e}^{\mathrm{i}\omega at} + F[\varphi(x)]\mathrm{e}^{-\mathrm{i}\omega at}\}$$

$$= \frac{1}{2}[\varphi(x+at) + \varphi(x-at)].$$

由延迟性质和积分性质,得

$$F^{-1}\left[\frac{1}{\omega a}\Psi(\omega)\sin\omega at\right] = F^{-1}\left[\frac{1}{2a}\Psi(\omega)\frac{\mathrm{e}^{\mathrm{i}\omega at}-\mathrm{e}^{-\mathrm{i}\omega at}}{\omega\mathrm{i}}\right]$$

$$= \frac{1}{2a}F^{-1}\left[\frac{\Psi(\omega)}{\omega\mathrm{i}}\mathrm{e}^{\mathrm{i}\omega at} - \frac{\Psi(\omega)}{\omega\mathrm{i}}\mathrm{e}^{-\mathrm{i}\omega at}\right]$$

$$= \frac{1}{2a}\left[\int_0^{x+at}\psi(\xi)\mathrm{d}\xi - \int_0^{x-at}\psi(\xi)\mathrm{d}\xi\right]$$

$$= \frac{1}{2a}\int_{x-at}^{x+at}\psi(\xi)\mathrm{d}\xi.$$

类似地,有

$$F^{-1}\left[\frac{1}{\omega a}\int_0^t F(\omega,\tau)\sin\omega a(t-\tau)\mathrm{d}\tau\right] = \frac{1}{2a}\int_0^t\int_{x-a(t-\tau)}^{x+a(t-\tau)}f(\xi,\tau)\mathrm{d}\xi\mathrm{d}\tau.$$

所以原定解问题方程式(5.2-13)的解为

$$u(x,t) = \frac{1}{2}[\varphi(x+at) + \varphi(x-at)] + \frac{1}{2a}\int_{x-at}^{x+at}\psi(\xi)\mathrm{d}\xi$$

$$+ \frac{1}{2a}\int_0^t\int_{x-a(t-\tau)}^{x+a(t-\tau)}f(\xi,\tau)\mathrm{d}\xi\mathrm{d}\tau, \qquad (5.2\text{-}16)$$

这就是波动方程的达朗贝尔解.

例 5.2-5　求解下列半平面 $y > 0$ 上的狄利克雷问题

$$\begin{cases} u_{xx} + u_{yy} = 0, & -\infty < x < \infty, y > 0, \\ u(x,0) = f(x), & -\infty < x < \infty, \\ \lim\limits_{|x|\to\infty} u(x,y) = 0, \lim\limits_{|x|\to\infty} u_x(x,y) = 0, \\ \text{当 } y \to \infty \text{ 时,} u \text{ 有界.} \end{cases} \qquad (5.2\text{-}17)$$

解　令 $U(\omega,y)$ 是 $u(x,y)$ 关于变量 x 的傅里叶变换,即

$$U(\omega,y) = \int_{-\infty}^{\infty} u(x,y) e^{i\omega x} dx.$$

利用傅里叶变换的微分性质，有 $F[u_{xx}] = (i\omega)^2 F[u] = -\omega^2 U(\omega,y)$，而

$$F[u_{yy}] = \int_{-\infty}^{\infty} u_{yy} e^{i\omega x} dx = \frac{d^2}{dy^2}\left[\int_{-\infty}^{\infty} u(x,y) e^{i\omega x} dx\right] = \frac{d^2 U}{dy^2}.$$

因此，对定解问题中的方程式两边同时取傅里叶变换得到

$$\frac{d^2 U}{dy^2} - \omega^2 U = 0. \tag{5.2-18}$$

这是一个带参数 ω 的二阶常微分方程，它的解是

$$U(\omega,y) = A(\omega) e^{\omega y} + B(\omega) e^{-\omega y}. \tag{5.2-19}$$

因为，当 $y \to \infty$ 时，u 是有界的，所以，当 $y \to \infty$ 时，$U(\omega,y)$ 也必须是有界的. 于是，当 $\omega > 0$ 时，必须 $A(\omega) = 0$，而且 $U(\omega,0) = B(\omega)$. 当 $\omega < 0$ 时，必须有 $B(\omega) = 0$，而且 $U(\omega,0) = A(\omega)$.

因此，对任何 ω，有 $U(\omega,y) = U(\omega,0) e^{-|\omega|y}$. 注意到，$U(\omega,0) = F[u(x,0)] = F[f(x)]$，由此可得

$$U(\omega,y) = \int_{-\infty}^{\infty} f(x) e^{-|\omega|y} e^{i\omega x} dx. \tag{5.2-20}$$

取 $U(\omega,y)$ 的逆变换，得原定解问题的解

$$u(x,y) = \frac{1}{2\pi} \int_{-\infty}^{\infty} \left[\int_{-\infty}^{\infty} f(\xi) e^{-|\omega|y} e^{i\omega\xi} d\xi\right] e^{-i\omega x} d\omega$$

$$= \frac{1}{2\pi} \int_{-\infty}^{\infty} f(\xi) d\xi \int_{-\infty}^{\infty} e^{\omega[i(\xi-x)]-|\omega|y} d\omega.$$

容易证明

$$\int_{-\infty}^{\infty} e^{\omega[i(\xi-x)]-|\omega|y} d\omega = \frac{2y}{(\xi-x)^2 + y^2}. \tag{5.2-21}$$

因此，在半平面 $y > 0$ 上的狄利克雷问题的解是

$$u(x,y) = \frac{y}{\pi} \int_{-\infty}^{\infty} \frac{f(\xi)}{(\xi-x)^2 + y^2} d\xi.$$

例 5.2-6　利用傅里叶正弦变换方法求解半无界区域上的热传导问题

$$\begin{cases} u_t = a^2 u_{xx}, & 0 < x < +\infty, t > 0, \\ u(x,0) = 0, & 0 < x < +\infty, \\ u(0,t) = u_0, & t > 0, \\ \lim\limits_{x \to +\infty} u(x,t) = \lim\limits_{x \to +\infty} u_x(x,t) = 0. \end{cases} \tag{5.2-22}$$

解　记 $U_s(\omega,t) = F_s[u(x,t)] = \int_0^{+\infty} u(x,t) \sin\omega x\, dx$. 则由分部积分公式

$$F_s[u_{xx}(x,t)] = \int_0^{+\infty} u_{xx} \sin\omega x\, dx = \omega u\big|_{x=0} - \omega^2 U_s = \omega u_0 - \omega^2 U_s.$$

于是，对定解问题方程式(5.2-22)中的方程和边界条件取傅里叶正弦变换，得

$$\begin{cases} \dfrac{\mathrm{d}U_s}{\mathrm{d}t} + a^2\omega^2 U_s = a^2\omega u_0, \ t > 0, \\ U_s(\omega,0) = 0, \end{cases} \tag{5.2-23}$$

其解为

$$U_s(\omega,t) = \frac{u_0}{\omega}(1 - \mathrm{e}^{-a^2\omega^2 t}), t \geqslant 0.$$

因此,热传导问题方程式(5.2-22)的解是

$$u(x,t) = F_s^{\ -1}\big[\,U_s(\omega,t)\,\big] = \frac{2}{\pi}\int_0^{+\infty} U_s(\omega,t)\sin\omega x\mathrm{d}\omega$$
$$= \frac{2u_0}{\pi}\int_0^{+\infty}\frac{\sin\omega x}{\omega}(1 - \mathrm{e}^{-a^2\omega^2 t})\mathrm{d}\omega. \tag{5.2-24}$$

例 5.2-7　利用傅里叶余弦变换方法求解下列问题

$$\begin{cases} u_t = a^2 u_{xx}, & 0 < x < +\infty, t > 0, \\ u(x,0) = 0, & 0 < x < +\infty, \\ u_x(0,t) = -u_0, & t > 0, \\ \lim\limits_{x \to +\infty} u(x,t) = \lim\limits_{x \to +\infty} u_x(x,t) = 0. \end{cases} \tag{5.2-25}$$

解　因为 $u_x(0,t)$ 是已知的,以下借助傅里叶余弦变换方法求解该问题.记

$$U_c(\omega,t) = F_c\big[\,u(x,t)\,\big] = \int_0^{+\infty} u(x,t)\cos\omega x\mathrm{d}x,$$

对方程式(5.2-25)中方程和边界条件关于 x 取傅里叶余弦变换,得

$$\frac{\mathrm{d}U_c}{\mathrm{d}t} + a^2\omega^2 U_c = a^2 u_0, t > 0,$$

其解为

$$U_c(\omega,t) = \frac{u_0}{\omega^2}(1 - \mathrm{e}^{-a^2\omega^2 t}). \tag{5.2-26}$$

取傅里叶余弦逆变换,得到问题方程式(5.2-25)的解

$$u(x,t) = F_c^{\ -1}\big[\,U_c(\omega,t)\,\big] = \frac{2u_0}{\pi}\int_0^{+\infty}\frac{\cos\omega x}{\omega^2}(1 - \mathrm{e}^{-a^2\omega^2 t})\mathrm{d}\omega.$$

注意:对比上述两个例题可见,当边界条件是第一类 $u(0,t) = \varphi(t)$ 时,对自变量 x 采用傅里叶正弦变换;当边界条件是第二类 $u_x(0,t) = \varphi(t)$ 时,对自变量 x 采用傅里叶余弦变换.

例 5.2-8　利用二重傅里叶变换方法求解下列热传导方程的初值问题

$$\begin{cases} u_t = a^2(u_{xx} + u_{yy}), & -\infty < x,y < +\infty, t > 0, \\ u(x,y,0) = \varphi(x,y), & -\infty < x,y < +\infty. \end{cases} \tag{5.2-27}$$

解　由于未知函数 $u(x,y,t)$ 中的坐标变量 x、y 的变化范围是 $(-\infty, +\infty)$,因此,对方程及初值条件关于坐标变量 x、y 取二重傅里叶变换,记

$$F\big[u(x,y,t)\big] = U(\omega_1,\omega_2,t), F\big[u(x,y,0)\big] = U(\omega_1,\omega_2,0), F\big[\varphi(x,y)\big] = \Phi(\omega_1,\omega_2),$$

利用多重傅里叶变换的微分性质,有

$$F[u_{xx}(x,y,t)] = (i\omega_1)2U(\omega_1,\omega_2,t) = -\omega_1^2 U(\omega_1,\omega_2,t),$$

$$F[u_{yy}(x,y,t)] = (i\omega_2)2U(\omega_1,\omega_2,y) = -\omega_2^2 U(\omega_1,\omega_2,t),$$

$$F[u_t(x,y,t)] = \frac{\partial}{\partial t}F[u(x,y,t)] = \frac{\partial}{\partial t}U(\omega_1,\omega_2,t).$$

于是,原定解问题转化为下列含有参数 ω_1、ω_2 的常微分方程的初值问题

$$\begin{cases} U_t + (\omega_1^2 + \omega_2^2)a^2 U = 0, t > 0, \\ U(\omega_1,\omega_2,0) = \varPhi(\omega_1,\omega_2). \end{cases} \tag{5.2-28}$$

这是一个含有参数 ω_1、ω_2 的一阶线性齐次常微分方程初值问题,由分离变量法,得

$$U(\omega_1,\omega_2,t) = \varPhi(\omega_1,\omega_2)e^{-(\omega_1^2+\omega_2^2)a^2 t}.$$

由傅里叶变换表可知,$F^{-1}[e^{-(\omega_1^2+\omega_2^2)a^2 t}] = \dfrac{1}{4a^2\pi t}e^{-\frac{x^2+y^2}{4a^2 t}}$.对上式两端取二重傅里叶逆变换,并用卷积公式,得原定解问题方程式(5.2-27) 的解为

$$\begin{aligned} u(x,y,t) &= F^{-1}[U] = F^{-1}\left[\varPhi(\omega)F\left(\frac{1}{4a^2\pi t}e^{-\frac{x^2+y^2}{4a^2 t}}\right)\right] \\ &= F^{-1}\left\{F\left[\varphi(x,y)\cdot\frac{1}{4a^2\pi t}e^{-\frac{x^2+y^2}{4a^2 t}}\right]\right\} \\ &= \frac{1}{4a^2\pi t}\int_{-\infty}^{+\infty}\int_{-\infty}^{+\infty}\varphi(\tau_1,\tau_2)\exp\left[-\frac{(x-\tau_1)^2+(y-\tau_2)^2}{4a^2 t}\right]d\tau_1 d\tau_2. \end{aligned}$$

习题

1.用傅里叶变换方法求解无限长度杆的热传导问题

$$\begin{cases} u_t = a^2 u_{xx} & -\infty < x < +\infty, t > 0, \\ u|_{t=0} = A(e^{-\lambda x} - 1), & -\infty < x < +\infty. \end{cases}$$

2.用傅里叶变换方法求解无限长度弦的自由振动问题

$$\begin{cases} u_{tt} - a^2 u_{xx} = 0, & -\infty < x < \infty, t > 0, \\ u|_{t=0} = u_0\exp[-(x/a)^2], \\ u_t|_{t=0} = \varphi(x). \end{cases}$$

3.用傅里叶变换方法求解定解问题

$$\begin{cases} u_t - a^2 u_{xx} = 0, & -\infty < x < \infty, t > 0, \\ u|_{t=0} = \varphi(x). \end{cases}$$

4.用傅里叶变换方法求解无界弦的自由振动问题

$$\begin{cases} u_{tt} - a^2 u_{xx} = 0, & -\infty < x < \infty, t > 0, \\ u\big|_{t=0} = \varphi(x), \\ u_t\big|_{t=0} = \psi(x). \end{cases}$$

5.用傅里叶变换方法求解三维热传导方程的柯西问题

$$\begin{cases} u_t = a^2(u_{xx} + u_{yy} + u_{zz}), & -\infty < x,y,z < +\infty, t > 0, \\ u\big|_{t=0} = \varphi(x,y,z), & -\infty < x,y,z < +\infty. \end{cases}$$

6.用傅里叶变换方法求解二维热传导方程的柯西问题

$$\begin{cases} u_t = a^2(u_{xx} + u_{yy}) + f(x,y,t), & -\infty < x,y < +\infty, t > 0, \\ u\big|_{t=0} = \varphi(x,y), & -\infty < x,y < +\infty. \end{cases}$$

第 6 章　　格林函数法

格林函数是根据英国数学和物理学家乔治·格林（George Green）的名字命名的.1828 年,格林在他的论文 Mathematical analysis to the theories of electricity and magnetism 中提出了格林函数的概念,并首次通过格林函数和积分把拉普拉斯方程和泊松方程的解表示出来.格林函数不仅有直接的物理意义,而且是一种有力的数学工具.格林函数方法提供的不只是一个解,它可以把一个物理问题对应的偏微分方程表达式变成一个积分表达式.

格林函数方法的优点在于,只要能够求出定解问题的格林函数,将它代入相应的求解公式,定解问题的解随之解决.但是对一般区域,求格林函数不是件容易的事情.本章介绍了三维调和函数的基本积分公式和位势函数的基本积分公式.讨论了格林函数的性质,对一些比较规则的区域 Ω 构造出了格林函数,并由此建立了拉普拉斯方程的第一边值问题解的积分表达式.

6.1　格林公式及其应用

6.1.1　格林公式

在研究三维拉普拉斯方程,建立其解的积分表达式时,常需要格林公式.格林公式描述了曲面积分与三重积分之间的关系 —— 高斯公式的直接推论.

设 Ω 是空间 R^3 中的有界区域,边界曲面 $\partial\Omega$ 光滑或分片光滑,函数 $P(x,y,z)$、$Q(x,y,z)$、$R(x,y,z)$ 在 $\overline{\Omega} = \Omega \cup \partial\Omega$ 上连续,在 Ω 内具有一阶连续偏导数,那么成立

$$\iiint\limits_{\Omega}\left(\frac{\partial P}{\partial x} + \frac{\partial Q}{\partial y} + \frac{\partial R}{\partial z}\right)\mathrm{d}x\mathrm{d}y\mathrm{d}z = \iint\limits_{\partial\Omega}\left[P\cos(\vec{n},x) + Q\cos(\vec{n},y) + R\cos(\vec{n},z)\right]\mathrm{d}S, \quad (6.1\text{-}1)$$

式中,$[\cos(n,x),\cos(n,y),\cos(n,z)]$ 是 $\partial\Omega$ 的单位外法线 n 的方向余弦.方程式(6.1-1) 就是高斯公式.下面利用方程式(6.1-1),推出第一、第二格林公式.

设函数 $u,v \in C^2(\Omega) \cap C^1(\overline{\Omega})$.在方程式(6.1-1),令

$$P = u\frac{\partial v}{\partial x}, Q = u\frac{\partial v}{\partial y}, R = u\frac{\partial v}{\partial z},$$

则有

$$\iiint\limits_{\Omega}(u\Delta v)\mathrm{d}x\mathrm{d}y\mathrm{d}z + \iiint\limits_{\Omega}\left(\frac{\partial u}{\partial x}\frac{\partial v}{\partial x} + \frac{\partial u}{\partial y}\frac{\partial v}{\partial y} + \frac{\partial u}{\partial z}\frac{\partial v}{\partial z}\right)\mathrm{d}x\mathrm{d}y\mathrm{d}z = \iint\limits_{\partial\Omega}u\frac{\partial v}{\partial n}\mathrm{d}S,$$

或

$$\iiint_{\Omega} (u\Delta v)\,dxdydz = \iint_{\partial\Omega} u\,\frac{\partial v}{\partial n}\,dS - \iiint_{\Omega} \nabla u \cdot \nabla v dxdydz, \tag{6.1-2}$$

式中,

$$\nabla u = \mathrm{grad}u = \left(\frac{\partial u}{\partial x}, \frac{\partial u}{\partial y}, \frac{\partial u}{\partial z}\right), \nabla v = \mathrm{grad}v = \left(\frac{\partial v}{\partial x}, \frac{\partial v}{\partial y}, \frac{\partial v}{\partial z}\right)$$

分别是函数 u 和 v 的梯度向量.方程式(6.1-2) 称为第一格林公式.

在方程式(6.1-2) 中将函数 u 和 v 的位置互换,得

$$\iiint_{\Omega} (v\Delta u)\,dxdydz = \iint_{\partial\Omega} v\,\frac{\partial u}{\partial n}\,dS - \iiint_{\Omega} \nabla u \cdot \nabla v dxdydz. \tag{6.1-3}$$

将方程式(6.1-2) 减去式(6.1-3),得

$$\iiint_{\Omega} (u\Delta v - v\Delta u)\,dxdydz = \iint_{\partial\Omega} \left(u\,\frac{\partial v}{\partial n} - v\,\frac{\partial u}{\partial n}\right)dS. \tag{6.1-4}$$

方程式(6.1-4) 称为第二格林公式.

6.1.2　格林公式的应用

满足拉普拉斯方程亦称调和方程的函数,称为调和函数.

设 $M_0(x_0,y_0)$ 是空间 R^2 中某一固定点,$M(x,y)$ 是 R^2 中的动点,定义函数

$$Y_1 = C\ln r_{MM_0} = C\ln \frac{1}{\sqrt{(x-x_0)^2 + (y-y_0)^2}}, \tag{6.1-5}$$

这里 r_{MM_0} 表示空间中 M_0 与 M 两点之间的距离.容易验证,当 $M \neq M_0$ 时,函数 Y_1 满足二维拉普拉斯方程,它是调和函数.同样的,设 $M_0(x_0,y_0,z_0)$ 是空间 R^3 中某一固定点,$M(x,y,z)$ 是 R^3 中的动点,定义函数

$$Y_2 = -\frac{1}{4\pi r_{MM_0}} = -\frac{1}{4\pi\sqrt{(x-x_0)^2 + (y-y_0)^2 + (z-z_0)^2}}, \tag{6.1-6}$$

这里 r_{MM_0} 表示空间中 M_0 与 M 两点之间的距离.容易验证,当 $M \neq M_0$ 时,函数 Y_2 满足三维拉普拉斯方程.它也是调和函数,亦称为三维拉普拉斯方程的基本解.

利用格林公式可以推出调和函数的一些基本性质.

定理 6.1-1　（调和函数的边界性质）设函数 $u(x,y,z) \in C^2(\Omega) \cap C^1(\overline{\Omega})$ 且在 Ω 内调和,则有

$$\iint_{\partial\Omega} \frac{\partial u}{\partial n}\,dS = 0. \tag{6.1-7}$$

证明　在第二格林公式方程式(6.1-4) 中取 u 为调和函数,即满足 $\Delta u = 0$.同时,取 $v = 1$,即得方程式(6.1-7).

利用定理 6.1-1 立即可得结论.

定理 6.1-2　三维拉普拉斯方程的诺伊曼问题

$$\begin{cases} \Delta u = u_{xx} + u_{yy} + u_{zz} = 0, & (x,y,z) \in \Omega, \\ \dfrac{\partial u}{\partial n} = f(x,y,z), & (x,y,z) \in \partial\Omega, \end{cases} \tag{6.1-8}$$

有解的必要条件是

$$\iint\limits_{\partial\Omega} f \mathrm{d}S = 0. \tag{6.1-9}$$

从这个结果可知：不可以任意地提诺伊曼问题. 只有当所给边界条件函数满足方程式 (6.1-9) 时，拉普拉斯方程的诺伊曼问题才可能有解. 对二维拉普拉斯方程诺伊曼问题也有类似的结论.

定理 6.1-3 设 Ω 是 R^3 空间中的有界区域，边界 $\partial\Omega$ 光滑或分片光滑，函数 $u = u(x,y,z)$ $\in C^2(\Omega) \cap C^1(\overline{\Omega})$，那么，对任意 $M_0 = M_0(x_0,y_0,z_0) \in \Omega$ 有

$$u(M_0) = \frac{1}{4\pi} \iint\limits_{\partial\Omega} \left[\frac{1}{r_{MM_0}} \frac{\partial u}{\partial n} - u \frac{\partial}{\partial n}\left(\frac{1}{r_{MM_0}} \right) \right] \mathrm{d}S - \frac{1}{4\pi} \iiint\limits_{\Omega} \frac{\Delta u}{r_{MM_0}} \mathrm{d}x\mathrm{d}y\mathrm{d}z, \tag{6.1-10}$$

若在 Ω 内 $\Delta u = 0$（即 u 是三维调和函数），则有

$$u(M_0) = \frac{1}{4\pi} \iint\limits_{\partial\Omega} \left[\frac{1}{r_{MM_0}} \frac{\partial u}{\partial n} - u \frac{\partial}{\partial n}\left(\frac{1}{r_{MM_0}} \right) \right] \mathrm{d}S. \tag{6.1-11}$$

若在 Ω 内 $\Delta u = F(x,y,z)$，则有

$$u(M_0) = \frac{1}{4\pi} \iint\limits_{\partial\Omega} \left[\frac{1}{r_{MM_0}} \frac{\partial u}{\partial n} - u \frac{\partial}{\partial n}\left(\frac{1}{r_{MM_0}} \right) \right] \mathrm{d}S - \frac{1}{4\pi} \iiint\limits_{\Omega} \frac{F(x,y,z)}{r_{MM_0}} \mathrm{d}x\mathrm{d}y\mathrm{d}z. \tag{6.1-12}$$

式中，n 是边界曲面 $\partial\Omega$ 的单位外法线方向，$\mathrm{d}S$ 是 $\partial\Omega$ 上的面积微元.

方程式 (6.1-11) 称为三维调和函数的基本积分公式，方程式 (6.1-12) 称为位势函数的基本积分公式.

首先，推导积分方程式 (6.1-10).

证明 在第二格林公式方程式 (6.1-4) 中，取 $v = \dfrac{1}{r_{MM_0}} = \dfrac{1}{r}$，式中，$M_0 \in \Omega$. 由于 v 在 Ω 内有奇异点 M_0，故不能直接应用第二格林公式. 作一个以 M_0 为中心、充分小的正数 ε 为半径的小封闭球 B_ε，$B_\varepsilon \subset \Omega$，它的边界曲面记为 ∂B_ε（如图 6.1-1 所示）.

在 $\Omega_\varepsilon = \Omega / B_\varepsilon$ 内，应用第二格林公式方程式 (6.1-4)，得

$$\iiint\limits_{\Omega_\varepsilon} \left[u\Delta\left(\frac{1}{r} \right) - \frac{1}{r}\Delta u \right] \mathrm{d}x\mathrm{d}y\mathrm{d}z = \iint\limits_{\partial\Omega_\varepsilon} \left[u\frac{\partial}{\partial n}\left(\frac{1}{r} \right) - \frac{1}{r}\frac{\partial u}{\partial n} \right] \mathrm{d}S, \tag{6.1-13}$$

式中，边界曲面 $\partial\Omega_\varepsilon = \partial\Omega \cup \partial B_\varepsilon$. 在 Ω_ε 上，$\Delta\left(\dfrac{1}{r} \right) = 0$. 在 ∂B_ε 上，

$$\frac{\partial}{\partial n}\left(\frac{1}{r} \right) = -\frac{\partial}{\partial r}\left(\frac{1}{r} \right) = \frac{1}{r^2} = \frac{1}{\varepsilon^2}.$$

又由积分中值定理，存在 M_ε'、$M_\varepsilon'' \in \partial B_\varepsilon$，使得当 $\varepsilon \to 0$ 时，M_ε'、$M_\varepsilon'' \to M_0$. 因此，

$$\iint\limits_{\partial B_\varepsilon} u \frac{\partial}{\partial n}\left(\frac{1}{r} \right) \mathrm{d}S = \frac{1}{\varepsilon^2} \iint\limits_{\partial B_\varepsilon} u \mathrm{d}S = 4\pi u(M_\varepsilon') \to 4\pi u(M_0),$$

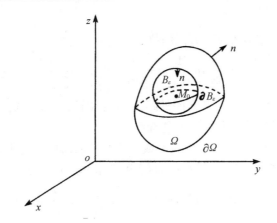

图 6.1-1

$$\iint\limits_{\partial B_\varepsilon} \frac{1}{r} \frac{\partial u}{\partial n} \mathrm{d}S = \frac{1}{\varepsilon} \iint\limits_{\partial B_\varepsilon} \frac{\partial u}{\partial n} \mathrm{d}S = 4\pi\varepsilon \frac{\partial u(M''_\varepsilon)}{\partial n} \rightarrow 0.$$

于是,在方程式(6.1-13) 中,令 $\varepsilon \rightarrow 0$,得式(6.1-10).

方程式(6.1-10) 推导是在点 M_0 位于区域 Ω 内进行的.如果点 M_0 取在 Ω 的外部或者取在边界 $\partial\Omega$ 上.用类似的方法可得.如果 u 是三维调和函数,则

$$\iint\limits_{\partial\Omega}\left[\frac{1}{r_{MM_0}} \frac{\partial u}{\partial n} - u \frac{\partial}{\partial n}\left(\frac{1}{r_{MM_0}} \right) \right] \mathrm{d}S = \begin{cases} 4\pi u(M_0), & M_0 \in \Omega, \\ 2\pi u(M_0), & M_0 \in \partial\Omega, \\ 0, & M_0 \text{ 在 } \Omega \text{ 外}. \end{cases} \tag{6.1-14}$$

定理6.1-4　(调和函数的平均值定理) 设 $u(M)$ 是 Ω 上的调和函数,B_a 是以 $M_0 \in \Omega$ 为中心,a 为半径的闭球域,且 $B_a \subset \Omega$,则成立

$$u(M_0) = \frac{1}{4\pi a^2} \iint\limits_{\partial B_a} u \mathrm{d}S. \tag{6.1-15}$$

它称为三维调和函数的球面平均值公式.

证明　在调和函数基本积分公式方程式(6.1-11) 中,取 $\Omega = B_a$,得

$$u(M_0) = \frac{1}{4\pi} \iint\limits_{\partial B_a}\left[\frac{1}{r_{MM_0}} \frac{\partial u}{\partial n} - u \frac{\partial}{\partial n}\left(\frac{1}{r_{MM_0}} \right) \right] \mathrm{d}S. \tag{6.1-16}$$

在 ∂B_a 上 $\frac{1}{r_{MM_0}} = \frac{1}{a}$,$\frac{\partial}{\partial n}\left(\frac{1}{r_{MM_0}} \right) = \frac{\partial}{\partial r}\left(\frac{1}{r} \right) = -\frac{1}{a^2}$.又由于 u 是 Ω 上的调和函数,由定理 6.1-1,得

$\iint\limits_{\partial B_a} \frac{\partial u}{\partial n} \mathrm{d}S = 0$,因此, 得到

$$u(M_0) = \frac{1}{4\pi a^2} \iint\limits_{\partial B_a} \frac{\partial u}{\partial n} \mathrm{d}S + \frac{1}{4\pi a^2} \iint\limits_{\partial B_a} u \mathrm{d}S = \frac{1}{4\pi a^2} \iint\limits_{\partial B_a} u \mathrm{d}S,$$

定理证毕.

对于定义在 xoy 平面区域 D 上的二元函数,可以建立类似于方程式(6.1-4)的格林公式,以及定理 6.1-1 ~ 6.1-4 的类似结论.下面仅列出主要结论,有兴趣的读者可作为练习给

出证明.

设 $M_0 = M_0(x_0, y_0), M = M(x, y)$.记函数

$$v = -\frac{1}{2\pi}\ln\frac{1}{r} = -\frac{1}{2\pi}\ln\frac{1}{r_{MM_0}} = -\frac{1}{2\pi}\ln\frac{1}{\sqrt{(x-x_0)^2+(y-y_0)^2}},$$

式中，r_{MM_0} 表示 xoy 平面上点 M_0 与 M 之间的距离.容易验证，当 $M \neq M_0$ 时，函数 v 满足二维拉普拉斯方程.它称为二维拉普拉斯方程的基本解.

定理 6.1-5 设 D 为 xoy 平面上由光滑或分段光滑的简单闭曲线 Γ 所围成的单连通区域，函数 $u, v \in C^2(D) \cap C^1(\bar{D})$，则如下平面上第二格林公式成立

$$\iint_D (u\Delta v - v\Delta u)\,dxdy = \int_\Gamma \left(u\frac{\partial v}{\partial n} - v\frac{\partial u}{\partial n}\right)ds, \tag{6.1-17}$$

式中，ds 是弧微分.

定理 6.1-6 设区域 D 满足定理 6.1-5 的假设，函数 $u = u(x, y) \in C^2(D) \cap C^1(\bar{D})$，且在 D 上调和，那么，对任意 $M_0 \in D$，成立

$$u(M_0) = \frac{1}{2\pi}\int_\Gamma\left[\ln\frac{1}{r_{MM_0}}\frac{\partial u}{\partial n} - u\frac{\partial}{\partial n}\left(\ln\frac{1}{r_{MM_0}}\right)\right]ds, \tag{6.1-18}$$

式中，n 是边界曲线 Γ 的单位外法线方向，$M_0 = M_0(x_0, y_0), M = M(x, y) \in \Gamma, r_{MM_0} = \sqrt{(x-x_0)^2+(y-y_0)^2}$ 为点 (x_0, y_0) 与边界曲线 Γ 上的点 (x, y) 间的距离.方程式(6.1-18) 称为二维调和函数的基本积分公式.

定理 6.1-7 设 $u = u(x, y)$ 是 D 上的调和函数，C_a 是以 $M_0 = M_0(x_0, y_0) \in D$ 为中心，a 为半径的圆域，且 $C_a \subset D$，则成立

$$u(M_0) = \frac{1}{2\pi a}\int_{\Gamma_a} u(\xi, \eta)\,ds, \tag{6.1-19}$$

式中，$\Gamma_a = \{(\xi, \eta) \mid (x_0 - \xi)^2 + (y - y_0)^2 = a^2\}$.方程式(6.1-19) 称为二维调和函数的圆周平均值公式.

6.2　格林函数及性质

调和函数的基本积分方程式(6.1-11) 说明调和函数在区域 Ω 内的值可由其在边界 $\partial\Omega$ 上的值及其法向导数值来确定.但方程式(6.1-11) 还不能直接提供拉普拉斯方程的狄利克雷问题的解.在方程式(6.1-11) 中除了需要 u 在边界 $\partial\Omega$ 上的值以外，还需要 $\frac{\partial u}{\partial n}$ 在边界 $\partial\Omega$ 上的值.而在狄利克雷问题中，只知道 u 在边界上的值；在诺伊曼问题中，只知道 $\frac{\partial u}{\partial n}$ 在边界上的值.这两个定解问题都不容许同时给出 u 和 $\frac{\partial u}{\partial n}$ 在边界上的值.这是因为当狄利克雷问题的解存在时，由解的唯一性，$\frac{\partial u}{\partial n}$ 在边界上的值也就唯一确定，而不能任意给定；否则会引起矛盾.

因此,若要利用方程式(6.1-11)导出拉普拉斯方程定解问题的解,必须将方程式(6.1-11)中的 $u|_{\partial\Omega}$ 项消去或者 $\dfrac{\partial u}{\partial n}\Big|_{\partial\Omega}$ 项消去.以下借助格林函数考虑第一边值问题在第二格林公式方程式(6.1-4)中,取 u 和 v 都为调和函数,且在 $\overline{\Omega}$ 上有一阶连续偏导数,那么

$$\iint\limits_{\partial\Omega}\left(u\frac{\partial v}{\partial n}-v\frac{\partial u}{\partial n}\right)\mathrm{d}S=0. \tag{6.2-1}$$

将方程式(6.2-1)与方程式(6.1-11)相减,得

$$u(M_0)=-\iint\limits_{\partial\Omega}\left[u\frac{\partial}{\partial n}\left(v+\frac{1}{4\pi r_{MM_0}}\right)-\frac{\partial u}{\partial n}\left(v+\frac{1}{4\pi r_{MM_0}}\right)\right]\mathrm{d}S. \tag{6.2-2}$$

若能够选取 Ω 上的调和函数 $v=v(M,M_0)$,使其满足

$$v=-\frac{1}{4\pi r_{MM_0}},M\in\partial\Omega, \tag{6.2-3}$$

则方程式(6.2-2)中含有 $\dfrac{\partial u}{\partial n}$ 的项就被消去.于是有

$$u(M_0)=-\iint\limits_{\partial\Omega}u\frac{\partial}{\partial n}\left(v+\frac{1}{4\pi r_{MM_0}}\right)\mathrm{d}S=-\iint\limits_{\partial\Omega}u\frac{\partial G}{\partial n}\mathrm{d}S, \tag{6.2-4}$$

式中,

$$G(M,M_0)=v+\frac{1}{4\pi r_{MM_0}}. \tag{6.2-5}$$

由此可见,在求出函数 $G(M,M_0)$ 后,方程式(6.2-4)就给出了拉普拉斯方程的狄利克雷问题的解.称函数 $G(M,M_0)$ 为三维拉普拉斯方程的狄利克雷问题在区域 Ω 上的格林函数,称这种求解方法为格林函数法.

如果上述格林函数 $G(M,M_0)$ 存在,即调和函数 v 存在,且它在闭区域 $\overline{\Omega}$ 内具有一阶连续偏导数,则狄利克雷问题

$$\begin{cases}\Delta u=u_{xx}+u_{yy}+u_{zz}=0,(x,y,z)\in\Omega,\\ u(x,y,z)=f(x,y,z),\ (x,y,z)\in\partial\Omega\end{cases} \tag{6.2-6}$$

的解存在,且这个解可以表示为

$$u(M_0)=-\iint\limits_{\partial\Omega}f(M)\frac{\partial G}{\partial n}\mathrm{d}S, \tag{6.2-7}$$

式中,$M_0=M_0(x_0,y_0,z_0)\in\Omega$ 是定点,$M=M(x,y,z)\in\Omega$ 是动点.

方程式(6.2-7)告诉我们,对任意连续函数 f,求解拉普拉斯方程的狄利克雷问题可以转化为求此区域 Ω 内的格林函数,而要确定格林函数又必须求解一个特殊的狄利克雷问题

$$\begin{cases}\Delta v=v_{xx}+v_{yy}+v_{zz}=0,(x,y,z)\in\Omega,\\ v(x,y,z)=-\dfrac{1}{4\pi r_{MM_0}},(x,y,z)\in\partial\Omega.\end{cases} \tag{6.2-8}$$

虽然对于一般区域 Ω,求解定解问题方程式(6.2-8)也不容易,但是方程式(6.2-7)还是有重要意义的.一方面,因为格林函数仅仅依赖于区域,而与原定解问题的边界值无关.如果求得

该区域上的格林函数，则这个区域上的所有狄利克雷问题都得到了解决.而对于某些特殊区域，如球域、半球域、半空间等，格林函数可以用初等方法求出.另一方面，方程式(6.2-7)给出了狄利克雷问题解的积分形式，这对于进一步研究解的性质起着重要的作用.

还需要说明的是，当方程式(6.2-7)用于无界区域时，只要函数 $u(x,y,z)$ 在无穷远处满足以下条件：存在常数 $r_0 > 0, A > 0$，当 $r \geq r_0$ 时

$$|u(x,y,z)| \leq \frac{A}{r}, \ |\nabla u(x,y,z)| \leq \frac{A}{r^2},$$

则方程式(6.2-7)对于包含无穷远点的区域仍成立，这里 $r = \sqrt{x^2 + y^2 + z^2}$.

下面，不加证明给出格林函数的性质(定理).

定理 6.2-1 格林函数 $G(M, M_0)$ 除 $M = M_0$ 点外，在 Ω 内是调和函数，即当 $M \neq M_0$ 时，$\Delta G = 0$；另外，当 $M \to M_0$ 时，$G(M, M_0)$ 趋近无穷大，其阶数与 $\frac{1}{r_{MM_0}}$ 相同.

定理 6.2-2 在边界 $\partial\Omega$ 上，格林函数 $G(M, M_0) = 0$.

定理 6.2-3 格林函数 $G(M, M_0)$ 在区域 Ω 上成立，$0 < G(M, M_0) < \frac{1}{4\pi r_{MM_0}}$.

定理 6.2-4 格林函数 G 满足 $\iint\limits_{\partial\Omega} \frac{\partial G}{\partial n} \mathrm{d}S = -1$.

在方程式(6.2-7)中令 $u \equiv 1$，便得上式.

定理 6.2-5 格林函数 $G(M, M_0)$ 具有对称性，即对任意 $M_1, M_2 \in \Omega$，成立

$$G(M_1, M_2) = G(M_2, M_1).$$

格林函数有明显的物理意义.设在闭曲面 Γ 所围的空间区域 Ω(导体)中一点 M_0 处放置一单位正电荷.由静电感应性质，在曲面 Γ 的内侧，就感应有一定分布密度的负电荷，而在曲面 Γ 的外侧，分布有相应的正电荷.如果把外侧接地，则外侧正电荷消失，且电位为零.现在考察 Ω 内任意一点 M，由 M_0 处正电荷所产生的电位是 $\frac{1}{4\pi r_{MM_0}}$(取介电系数 $q = 1$).由 Γ 内侧负电荷所产生的电位设为 v，此时，在 M 处的电位和是

$$G(M, M_0) = \frac{1}{4\pi r_{MM_0}} + v.$$

而当 M 在 Γ 上时，电位为零.即 $G(M, M_0) = 0, M \in \Gamma$.

因此，格林函数的物理意义是某导体 Ω 表面接地，在内部点 M_0 处放置一个单位正电荷，那么在导体内部所产生的电位分布就是格林函数.因此，格林函数又称为源函数或影响函数.

类似地，可以定义二维拉普拉斯方程狄利克雷问题的格林函数和解的积分表达式.此时格林函数

$$G(M, M_0) = v + \frac{1}{2\pi} \ln \frac{1}{r_{MM_0}}, \tag{6.2-9}$$

式中，$M_0 = M_0(x_0, y_0)$，$M = M(x, y) \in D$，$r_{MM_0} = \sqrt{(x - x_0)^2 + (y - y_0)^2}$ 和 $v = v(x, y)$ 满足

$$\begin{cases} \Delta v = v_{xx} + v_{yy} = 0, & (x,y) \in D, \\ v(x,y) = -\dfrac{1}{2\pi}\ln\dfrac{1}{r_{MM_0}}, & (x,y) \in \Gamma = \partial D. \end{cases} \tag{6.2-10}$$

那么,平面区域 D 上狄利克雷问题

$$\begin{cases} \Delta u = u_{xx} + u_{yy} = 0, & (x,y) \in D, \\ u(x,y) = f(x,y), & (x,y) \in \Gamma = \partial D, \end{cases} \tag{6.2-11}$$

的解可以表示为

$$u(M_0) = -\int_{\Gamma} f(M) \frac{\partial G}{\partial n}\mathrm{d}S. \tag{6.2-12}$$

通过由方程式 (6.2-9) 所定义的格林函数,我们也可以建立同定理6.2-1 ~ 6.2-5类似的性质.

6.3　一些特殊区域上的格林函数及稳态方程的狄利克雷问题的解

格林函数的物理意义启发我们,对于某些特殊的区域,它的格林函数可以通过所谓的镜像法(method of images)求得.从静电学知道,若在点 M_0 处放置一个单位正电荷[称为源点(source point)],它对另一点所产生的正电位是 $\dfrac{1}{4\pi r_{MM_0}}$.现求格林函数

$$G(M,M_0) = \frac{1}{4\pi r_{MM_0}} + v(M,M_0),$$

使其在 $\partial\Omega$ 上为零.

所谓镜像法,就是在 Ω 外找出 $M_0 \in \Omega$ 关于边界 $\partial\Omega$ 的像点(image point)M_1,然后在这个像点放置适当的负电荷,由它产生的负电位与 M_0 点单位正电荷所产生的正电位在边界 $\partial\Omega$ 上相互抵消.设在点 M_1 处放置 q 单位负电荷,它在 $\partial\Omega$ 上产生的电位是

$$v = -\frac{q}{4\pi r_{MM_1}}, M(x,y,z) \in \partial\Omega,$$

它与 M_0 处单位正电荷在 $\partial\Omega$ 上产生的电位相互抵消,即

$$\frac{1}{4\pi r_{MM_0}} - \frac{q}{4\pi r_{MM_1}} = 0, M(x,y,z) \in \partial\Omega,$$

因此,可以取 Ω 内的格林函数为

$$G(M,M_0) = \frac{1}{4\pi r_{MM_0}} - \frac{q}{4\pi r_{MM_1}}.$$

对于一般区域来说,用镜像法求格林函数是困难的,因为,既要决定 M_1 的位置,又要决定 M_1 处的电荷.但对于某些特殊区域,如球域、半空间、半平面、圆域等,利用镜像法可以比较容易求得格林函数.

例 6.3-1　求解拉普拉斯方程在半空间 $z \geqslant 0$ 上的狄利克雷问题

$$\begin{cases} \Delta u = u_{xx} + u_{yy} + u_{zz} = 0, & -\infty < x, y < +\infty, z > 0, \\ u(x, y, 0) = f(x, y), & -\infty < x, y < +\infty. \end{cases} \tag{6.3-1}$$

解　为了用方程式(6.2-7)求解, 先求半空间 $z > 0$ 上的格林函数. 在半空间 $z > 0$ 上任取一点 $M_0 = M_0(x_0, y_0, z_0)$, 在其上放置一个单位正电荷, 它在无穷空间形成电场, 在上半空间任一点 $M(x, y, z)$ 处的电位为 $\dfrac{1}{4\pi r_{MM_0}}$, 然后, 找出 M_0 关于边界 $z = 0$ 的对称点 $M_1 = M_1(x_0, y_0, -z_0)$, 并在其上放置一个单位负电荷. 则它与 M_0 点的单位正电荷所产生的电位在平面 $z = 0$ 上互相抵消(如图 6.3-1 所示).

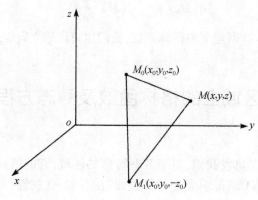

图 6.3-1

因为, $\dfrac{1}{4\pi r_{MM_1}}$ 在 $z > 0$ 上为调和函数, 在闭域 $z \geq 0$ 上具有一阶偏导数, 故

$$G(M, M_0) = \frac{1}{4\pi}\left(\frac{1}{r_{MM_0}} - \frac{1}{r_{MM_1}}\right) \tag{6.3-2}$$

便是半空间 $z > 0$ 上的格林函数, 其中

$$r_{MM_0} = \sqrt{(x - x_0)^2 + (y - y_0)^2 + (z - z_0)^2},$$
$$r_{MM_1} = \sqrt{(x - x_0)^2 + (y - y_0)^2 + (z + z_0)^2}.$$

下面计算 $\dfrac{\partial G}{\partial n}$.

因为, 在平面 $z = 0$ 上的外法线方向是 z 轴的负方向, 所以

$$\frac{\partial G}{\partial n}\Big|_{z=0} = -\frac{\partial G}{\partial z}\Big|_{z=0} = -\frac{1}{2\pi}\frac{z_0}{[(x - x_0)^2 + (y - y_0)^2 + z_0^2]^{3/2}}.$$

由解的积分方程式(6.2-7), 得定解问题方程式(6.3-1)的形式解为

$$u(M_0) = u(x_0, y_0, z_0) = \frac{z_0}{2\pi}\int_{-\infty}^{\infty}\int_{-\infty}^{\infty}\frac{f(\xi, \eta)\,\mathrm{d}\xi\,\mathrm{d}\eta}{[(\xi - x_0)^2 + (\eta - y_0)^2 + z_0^2]^{3/2}}. \tag{6.3-3}$$

例 6.3-2　求解球域上拉普拉斯方程的狄利克雷问题

$$\begin{cases} \Delta u = u_{xx} + u_{yy} + u_{zz} = 0, & x^2 + y^2 + z^2 < R^2, \\ u(x, y, z) = f(x, y, z), & x^2 + y^2 + z^2 = R^2. \end{cases} \tag{6.3-4}$$

解　　先求球域上的格林函数. 记球域 $B_R = \{(x,y,z) \mid x^2 + y^2 + z^2 < R^2\}$，边界为 $S_R = \{(x,y,z) \mid x^2 + y^2 + z^2 = R^2\}$. 在球 B_R 内任意取一点 M_0（不与球心重合），在线段 oM_0 的延长线上取一点 M_1，使得

$$\rho_0 \cdot \rho_1 = R^2, \tag{6.3-5}$$

式中，$\rho_0 = r_{oM_0}, \rho_1 = r_{oM_1}$.

称 M_1 点是关于球面 S_R 的对称点（或反演点）（如图 6.3-2 所示）.

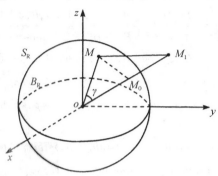

图 6.3-2

在 M_0 处放置一个单位正电荷，在 M_1 处放置 q 单位的负电荷. 我们可以适当选择 q 的值，使得这两个电荷所产生的电位在球面 S_R 上互相抵消，即 $\dfrac{1}{4\pi r_{MM_0}} = \dfrac{q}{4\pi r_{MM_1}}, M \in S_R$ 或 $q = \dfrac{r_{MM_1}}{r_{MM_0}}$.

由方程式（6.3-5），$\triangle oM_0M$ 与 $\triangle oMM_1$ 相似. 因此，$\dfrac{r_{MM_1}}{r_{MM_0}} = \dfrac{R}{\rho_0}$，故 $q = \dfrac{R}{\rho_0}$. 即只要在 M_1 处放置 $\dfrac{R}{\rho_0}$ 单位的负电荷，由它所形成的电场的电位 $\dfrac{R}{4\pi\rho_0 r_{MM_1}}$ 与 M_0 处放置一个单位正电荷所形成的电场的电位在球面 S_R 上相互抵消. 显然，函数 $v = \dfrac{R}{4\pi\rho_0 r_{MM_1}}$ 在球域 B_R 内是调和函数，在闭球 $\overline{B_R}$ 上具有一阶连续偏导数，故球域 B_R 上的格林函数为

$$G(M,M_0) = \frac{1}{4\pi}\left(\frac{1}{r_{MM_0}} - \frac{R}{\rho_0 r_{MM_1}}\right). \tag{6.3-6}$$

为求问题方程式（6.3-4）的解，需计算 $\dfrac{\partial G}{\partial n}\Big|_{S_R}$. 注意到

$$r_{MM_0} = \sqrt{\rho_0^2 + \rho^2 - 2\rho\rho_0\cos\gamma}, \quad r_{MM_1} = \sqrt{\rho_1^2 + \rho^2 - 2\rho\rho_1\cos\gamma},$$

式中，$\rho = r_{OM}$，γ 是 $\overrightarrow{oM}$ 与 $\overrightarrow{oM_0}$ 的夹角. 注意到方程式（6.3-5），于是方程式（6.3-6）可表示为

$$G(M,M_0) = \frac{1}{4\pi}\left(\frac{1}{\sqrt{\rho_0^2 + \rho^2 - 2\rho\rho_0\cos\gamma}} - \frac{R}{\sqrt{\rho_0^2\rho^2 - 2R^2\rho_0\rho\cos\gamma + R^4}}\right), \tag{6.3-7}$$

式中，$\rho_0\rho_1 = R^2$.

在球面 S_R 上，外法线方向 n 与半径 ρ 方向一致. 因此

$$\frac{\partial G}{\partial n}\Big|_{S_R}=\frac{\partial G}{\partial \rho}\Big|_{\rho=R}=-\frac{1}{4\pi R}\cdot\frac{R^2-\rho_0^2}{(R^2+\rho_0^2-2R\rho_0\cos\gamma)^{3/2}}.$$

代入方程式（6.2-7），得球域 B_R 内定解问题方程式（6.3-4）的形式解为

$$u(M_0)=\frac{1}{4\pi R}\iint_{S_R}\frac{(R^2-\rho_0^2)f(M)}{(R^2+\rho_0^2-2R\rho_0\cos\gamma)^{3/2}}\mathrm{d}S,\qquad(6.3\text{-}8)$$

或写成球坐标形式

$$u(\rho_0,\theta_0,\varphi_0)=\frac{R}{4\pi}\int_0^{2\pi}\int_0^{\pi}\frac{(R^2-\rho_0^2)f(R,\theta,\varphi)}{(R^2+\rho_0^2-2R\rho_0\cos\gamma)^{3/2}}\sin\theta\mathrm{d}\theta\mathrm{d}\varphi,\qquad(6.3\text{-}9)$$

式中，$f(R,\theta,\varphi)=f(R\sin\theta\cos\varphi,R\sin\theta\sin\varphi,R\cos\theta)$，$(\rho_0,\theta_0,\varphi_0)$ 是点 M_0 的坐标，(R,θ,φ) 是球面上点 M 的坐标，$\cos\gamma$ 是向量 $\overrightarrow{oM_0}$ 与 $\overrightarrow{oM}$ 夹角的余弦.因为向量 $\overrightarrow{oM_0}$ 与 $\overrightarrow{oM}$ 的方向余弦分别为
$(\sin\theta_0\cos\varphi_0,\sin\theta_0\sin\varphi_0,\cos\theta_0)$ 和 $(\sin\theta\cos\varphi,\sin\theta\sin\varphi,\cos\theta)$，
所以

$$\cos\gamma=\cos\theta\cos\theta_0+\sin\theta\sin\theta_0(\sin\varphi\sin\varphi_0+\cos\varphi\cos\varphi_0)$$
$$=\cos\theta\cos\theta_0+\sin\theta\sin\theta_0\cos(\varphi-\varphi_0).$$

方程式（6.3-9）称为球域上的狄利克雷问题解的泊松公式.它只是问题方程式（6.3-4）的形式解.关于古典解，有如下结论：

定理 6.3-1 设 $f\in C(S_R)$，则由方程式（6.3-9）所定义的函数是定解问题方程式（6.3-4）的唯一古典解（证明略）.

例 6.3-3 试写出上半球域的格林函数.

解 如图 6.3-3 所示.

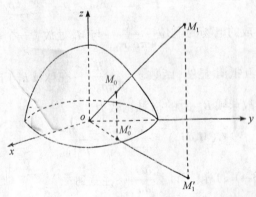

图 6.3-3

设球的中心为坐标原点 o，半径为 R，M_0 为上半球域内的任一点（不与球心重合），M_1 是 M_0 关于球面的对称点，M_0'、M_1' 分别是 M_0、M_1 关于坐标面 $z=0$ 的对称点.在点 M_0 处放置一个单位正电荷，在 M_1 处放置 $\dfrac{R}{\rho_0}$ 单位负电荷（式中，$\rho_0=r_{oM_0}$）；在 M_0' 处放置一个单位负电荷，在 M_1' 处放置 $\dfrac{R}{\rho_0}$ 单位正电荷.则由这四个点处所产生的电位在上半球域表面相互抵消，故得上

半球域的格林函数为

$$G(M,M_0) = \frac{1}{4\pi}\left(\frac{1}{r_{MM_0}} - \frac{1}{r_{MM_0'}}\right) + \frac{R}{4\pi\rho_0}\left(\frac{1}{r_{MM_1'}} - \frac{1}{r_{MM_1}}\right)$$

$$= \frac{1}{4\pi}\left(\frac{1}{r_{MM_0}} - \frac{R}{\rho_0}\frac{1}{r_{MM_1}}\right) - \frac{1}{4\pi}\left(\frac{1}{r_{MM_0'}} - \frac{R}{\rho_0}\frac{1}{r_{MM_1'}}\right) \qquad (6.3\text{-}10)$$

$$= G_{球}(M,M_0) - G_{球}(M,M_0').$$

下面,使用上述诸例中的方法和步骤,研究 oxy 平面上几类特殊区域的格林函数和二维拉普拉斯方程的狄利克雷问题的解的积分表达式.

例 6.3-4　求解上半平面内二维拉普拉斯方程的狄利克雷问题

$$\begin{cases} \Delta u = u_{xx} + u_{yy} = 0, & -\infty < x < +\infty, y > 0, \\ u(x,0) = f(x), & -\infty < x < +\infty. \end{cases} \qquad (6.3\text{-}11)$$

解　采用例 6.3-1 中的方法.设 $M_0 = M_0(x_0, y_0)$ 是上半平面内一点,关于直线 $y = 0$ 的对称点为 $M_1 = M_1(x_0, -y_0)$.于是,可得到格林函数为

$$G(M,M_0) = \frac{1}{2\pi}\left(\ln\frac{1}{r_{MM_0}} - \ln\frac{1}{r_{MM_1}}\right)$$

$$= \frac{1}{4\pi}\{\ln[(x-x_0)^2 + (y+y_0)^2] - \ln[(x-x_0)^2 + (y-y_0)^2]\},$$

$$(6.3\text{-}12)$$

显然,有 $G|_{y=0} = 0$. 进一步可得

$$\frac{\partial G}{\partial n}\Big|_{y=0} = -\frac{\partial G}{\partial y}\Big|_{y=0} = -\frac{1}{2\pi}\frac{y_0}{(x-x_0)^2 + y_0^2}.$$

所以,由解方程式(6.2-12)得定解问题方程式(6.3-11)的解为

$$u(x_0, y_0) = \frac{y_0}{2\pi}\int_{-\infty}^{+\infty}\frac{f(x)}{(x-x_0)^2 + y_0^2}\mathrm{d}x. \qquad (6.3\text{-}13)$$

例 6.3-5　求解圆域上二维拉普拉斯方程的狄利克雷问题

$$\begin{cases} \Delta u = u_{xx} + u_{yy} = 0, & (x,y) \in D, \\ u(x,y) = f(x,y), & (x,y) \in \Gamma = \partial D, \end{cases} \qquad (6.3\text{-}14)$$

式中,$D = \{(x,y)\,|\,x^2 + y^2 < a^2\}$,$\Gamma = \{(x,y)\,|\,x^2 + y^2 = a^2\}$.

解　采用例 6.3-2 中的方法,可得圆域上的格林函数为

$$G(M,M_0) = \frac{1}{2\pi}\left(\ln\frac{1}{r_{MM_0}} - \ln\frac{a}{\rho_0 r_{MM_1}}\right), \qquad (6.3\text{-}15)$$

式中,$M_0, M \in D, \rho = r_{oM}, \rho_0 = r_{oM_0}$.

M_1 是 M_0 关于圆周 Γ 的对称点,$\rho_1 = r_{OM_1}$,即 $\rho_0 \cdot \rho_1 = R^2$.注意到

$$\frac{1}{r_{MM_0}} = \frac{1}{\sqrt{\rho_0^2 + \rho^2 - 2\rho_0\rho\cos\gamma}}, \frac{1}{r_{MM_1}} = \frac{1}{\sqrt{\rho_1^2 + \rho^2 - 2\rho_1\rho\cos\gamma}}, \qquad (6.3\text{-}16)$$

式中,γ 是 $\overrightarrow{oM_0}$ 与 $\overrightarrow{oM}$ 的夹角(如图 6.3-4 所示).

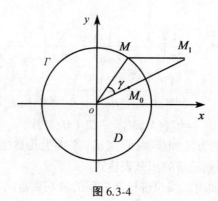

图 6.3-4

由于 $\overrightarrow{oM_0}$ 与 $\overrightarrow{oM}$ 的方向余弦分别是 $(\cos\theta_0,\sin\theta_0)$ 和 $(\cos\theta,\sin\theta)$，所以 $\cos\gamma = \cos\theta_0\cos\theta + \sin\theta_0\sin\theta = \cos(\theta_0 - \theta)$.

因此，在极坐标系 (ρ,θ) 下，圆域上的格林函数为

$$G(M,M_0) = \frac{1}{2\pi}\left(\ln\frac{1}{\sqrt{\rho_0^2 + \rho^2 - 2\rho_0\rho\cos\gamma}} - \ln\frac{a}{\rho_0\sqrt{\rho_1^2 + \rho^2 - 2\rho_1\rho\cos\gamma}}\right).$$

进一步可得

$$\frac{\partial G}{\partial n}\bigg|_{\rho = a} = \frac{\partial G}{\partial\rho}\bigg|_{\rho = a} = -\frac{1}{2a\pi}\cdot\frac{a^2 - \rho_0^2}{a^2 - 2a\rho_0\cos(\theta_0 - \theta) + \rho_0^2},$$

因此，定解问题方程式（6.3-14）的解为

$$\begin{aligned}u(\rho_0,\theta_0) &= \frac{1}{2a\pi}\int_\Gamma \frac{(a^2 - \rho_0^2)f(M)}{a^2 - 2a\rho_0\cos(\theta_0 - \theta) + \rho_0^2}\mathrm{d}S \\ &= \frac{1}{2\pi}\int_0^{2\pi} \frac{(a^2 - \rho_0^2)f(\theta)}{a^2 - 2a\rho_0\cos(\theta_0 - \theta) + \rho_0^2}\mathrm{d}\theta,\end{aligned}$$

(6.3-17)

式中，$f(\theta) = f(a\cos\theta,a\sin\theta)$. 称方程式（6.3-17）为圆域内狄利克雷问题解的泊松公式. 同样可以证明.

定理 6.3-2 设 $f \in C(\Gamma)$，则由方程式（6.3-17）所定义的函数是定解问题方程式（6.3-14）的唯一古典解（证明略）.

例 6.3-6 作出四分之一平面区域 $D = \{(x,y)\,|\,x > 0,y > 0\}$ 上的格林函数.

解 在 D 上任取一点 $M_0(x_0,y_0)$，得到三个对称点 $M_1(x_0, -y_0),M_2(-x_0,y_0)$，$M_3(-x_0, -y_0)$，（如图 6.3-5 所示）.

那么应用镜像法，可得到函数

$$G(M,M_0) = \frac{1}{4\pi}\ln\frac{[(x - x_0)^2 + (y + y_0)^2][(x + x_0)^2 + (y - y_0)^2]}{[(x - x_0)^2 + (y - y_0)^2][(x + x_0)^2 + (y + y_0)^2]}.$$

(6.3-18)

不难验证，这个函数除点 M_0 外，满足 $\Delta G = 0$，且 $G|_{x=0} = G|_{y=0} = 0$. 因此，它是区域 D 上的格林函数.

至此，我们用区域上的格林函数给出了拉普拉斯方程的狄利克雷问题解的积分表达式，并用镜像法导出了几类特殊区域上的格林函数. 但要注意的是上述推导都是形式的，即

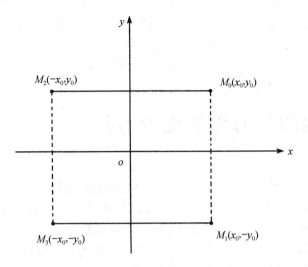

图 6.3-5

在假定定解问题有解的条件下得到解的表达式. 至于解方程式(6.3-3)、(6.3-9)、(6.3-13) 和 (6.3-17) 是否就是相应定解问题的解还应加以验证, 包括定解问题的存在性、唯一性以及解对边界条件的连续依赖性(即稳定性).

习题

1. 证明二维拉普拉斯方程在极坐标下可以写成

$$\Delta u = \frac{\partial^2 u}{\partial r^2} + \frac{1}{r} \frac{\partial u}{\partial r} + \frac{1}{r^2} \frac{\partial^2 u}{\partial \theta^2} = 0.$$

2. 证明三维拉普拉斯方程在球坐标下可以写成

$$\Delta u = \frac{\partial^2 u}{\partial r^2} + \frac{2}{r} \frac{\partial u}{\partial r} + \frac{1}{r^2} \left(\frac{\partial^2 u}{\partial \theta^2} + \cot\theta \frac{\partial u}{\partial \theta} + \frac{1}{\sin^2\theta} \frac{\partial^2 u}{\partial \varphi^2} \right) = 0.$$

第7章　偏微分方程的变分方法

变分法是数学分析的一个分支，是微分学中处理函数极值方法的扩展. 研究泛函的极值问题，是变分法的基本问题. 解决变分问题的一个经典方法是将之转化为一个微分方程的定解问题. 另一方面也可以将某些微分方程的定解问题转化为变分问题，通过直接求解和研究变分问题来求解和研究微分方程定解问题，这称为微分方程的变分方法. 本章将讨论上述两个方面问题的最基本的理论、概念和方法.

7.1　泛函和泛函极值

7.1.1　基本概念

设 $M = \{y(x), a \leq x \leq b\}$ 是定义在 $[a,b]$ 上的一个函数的集合，几何上表示为某一个平面曲线的集合，若任意给定 $y(x) \in M$，按一定的规律对应一个数，则称在 M 中定义了一个泛函，记为 $J[y(x)]$. 在泛函中自变元是函数 $y(x)$，它的变化范围 M 称作此泛函的定义域，记作 $D(J)$.

设 $M = \{y(x), z(x), a \leq x \leq b\}$ 是一对函数的某一个集合，几何上表示为某一个空间曲线的集合，若任意给定 $(y(x), z(x)) \in M$，按一定的规律对应着一个数，则称在 M 中定义了一个泛函，记为 $J[y(x), z(x)]$，此泛函的定义域 $D(J) = M$.

设 $M = \{u(x,y), (x,y) \in \Omega\}$ 为定义在平面区域 Ω 上二元函数的集合，几何上表示为某一个曲面的集合，若任意给定 $u(x,y) \in M$，按一定规律对应一个实数，则称在 M 上定义了一个泛函，记为 $J[u(x,y)]$，此泛函的定义域 $D(J) = M$.

类似的可以定义多元函数的泛函，如 $J[u(x,y,z)]$，此泛函中自变元是三元函数，借助于几何语言也称 $u(x,y,z)$ 为一个曲面.

泛函是函数概念的推广，类似于函数的极值问题，也有泛函的极值问题.

设 $J[y(x)]$ 是定义在 $M = \{y(x), a \leq x \leq b\}$ 上的泛函，若有 $y_0(x) \in M$，使 $J[y_0(x)] \leq J[y(x)]$，$\forall y(x) \in M$，则称在 $y_0(x)$ 使 $J[y(x)]$ 达到最小值，称 $y_0(x)$ 为最小元. 若 $y_0(x) \in M$，使 M 中与 $y_0(x)$ 相邻近的 $y_0(x) + \delta y(x) \in M$，有 $J[y_0(x)] \leq J[y_0(x) + \delta y(x)]$，则称在 $y_0(x)$ 使 $J[y(x)]$ 达到极小值，称 $y_0(x)$ 为极小元或极小曲线. 显然极小值是局部最小值，最小值也是极小值. 类似地，定义最大值和最大元、极大值和极大元、极大值、极小值统称极值，达到极值的极值元也称为极值曲线.

类似地,定义泛函 $J[u(x,y)]$ 的极值和极值元, 极值元也称为极值曲面. 其他的泛函 $J[u(x,y,z)]$,$J[y(x),z(x)]$ 等泛函的极值和极值元的概念是类似的.

7.1.2　几个典型的例子

下面是泛函和泛函极值的几个典型的例子, 这些例子的问题会在后边的内容中加以直接引用和讨论.

例 7.1-1(极小曲线问题)　设 $M=\{y(x),a\leq x\leq b\}$ 为 C^1 类函数中某些函数的集合, 如 M 是 C^1 类函数中给定边界值 $y(a)=\alpha,y(b)=\beta$ 的函数的全体, 任意给 $y(x)\in M$, 则曲线的弧长定义了一个泛函

$$J[y(x)]=\int_a^b \sqrt{1+y'^2}\,\mathrm{d}x.$$

要求使弧长最小的曲线就是求泛函的极小值和极小元, 称此为极小曲线问题.

例 7.1-2(捷线问题, 最速下降问题)　设 $M=\{y(x),a\leq x\leq b\}$ 为 C^1 类函数中某些函数的集合, 在平面上有一个已知的速度场 $v(x,y)$, 质点沿着光滑曲线 $y(x)$ 运动, 则所需的时间定义了一个泛函

$$J[y(x)]=\int_a^b \frac{\sqrt{1+y'^2}}{v(x,y)}\,\mathrm{d}x.$$

求所需时间最少的问题称为捷线问题. 如图 7.1-1 所示, 如果质点从原点 $(0,0)$ 在重力作用下沿着光滑曲线下降, 则所需时间为

$$J[y(x)]=\int_0^{x_1} \frac{\sqrt{1+y'^2}}{\sqrt{2gy}}\,\mathrm{d}x.$$

要求最小下降时间问题, 这就是著名的最速下降问题.

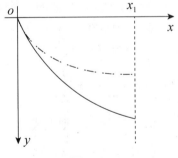

图 7.1-1

设空间速度场 $v(x,y,z)$, 质点沿着空间曲线 $y(x),z(x),a\leq x\leq b$ 运动, 所需时间为

$$J[y(x),z(x)]=\int_a^b \frac{\sqrt{1+y'^2+z'^2}}{v(x,y,z)}\,\mathrm{d}x.$$

求此泛函的极小值问题为捷线问题.

例 7.1-3(极小曲面问题)　设 $M=\{u(x,y),(x,y)\in\Omega\}$ 为定义在平面区域 Ω 上 C^1 类函数的某一个集合, 例如,M 是在边界 $\partial\Omega$ 取定 $\varphi(x,y)$ 的光滑曲面, 则曲面的面积定义了

一个泛函

$$J[u(x,y)] = \iint\limits_{\Omega} \sqrt{1 + \left(\frac{\partial u}{\partial x}\right)^2 + \left(\frac{\partial u}{\partial y}\right)^2}\, dxdy.$$

此泛函的极小值问题称为极小曲面问题.

例 7.1-4(最小势能原理, 弦和薄膜的静态平衡位移问题) 对于一个静态的力学系统在所有的容许位移中, 其真实的位移是使系统的总势能达到最小的位移, 称此为最小势能原理.

设有一条理想的、均匀的弦, 其平衡位置为 x 轴上的一个区间 $[0,l]$, 在外力的作用下弦产生微小的形变. 设 $u(x)$ 为弦在点 x 的垂直于 x 轴的横向位移, $f(x)$ 为外加在弦上的横向外力密度, T 为张力系数, 这时由于形变产生的势能为

$$U = T\int_0^l \left(\sqrt{1 + u'^2} - 1\right) dx.$$

由于横向位移 $u(x)$ 是微小的, 即 $|u'(x)| \ll 1$, 把上式右端的被积函数展开, 省去高阶小量得

$$U = \frac{T}{2}\int_0^l u'^2 dx,$$

外加力所做的功为

$$W = \int_0^l f(x) u(x)\, dx,$$

所以总势能是

$$J[u(x)] = U - W = \int_0^l \left[\frac{T}{2}u'^2 - f(x)u\right] dx.$$

根据最小势能原理, 真实的位移是使上式泛函达到最小值的位移.

设一个理想的均匀薄膜, 其平衡位置为 oxy 平面的一个区域 Ω, $\partial\Omega$ 表示 Ω 的边界, 在外力作用下薄膜产生微小的形变. $u(x,y)$ 表示在点 (x,y) 的垂直于 oxy 平面的横向位移, $f(x,y)$ 是外加在膜上的横向外力密度, T 为张力系数, 这时由于形变产生的势能为

$$U = \iint\limits_{\Omega} T\left[\sqrt{1 + \left(\frac{\partial u}{\partial x}\right)^2 + \left(\frac{\partial u}{\partial y}\right)^2} - 1\right] dxdy.$$

由于横向位移是微小的, 即 $\left|\frac{\partial u}{\partial x}\right| \ll 1$, $\left|\frac{\partial u}{\partial y}\right| \ll 1$, 把上式展开, 省去高阶的小量得

$$U = \frac{T}{2}\iint\limits_{\Omega} \left[\left(\frac{\partial u}{\partial x}\right)^2 + \left(\frac{\partial u}{\partial y}\right)^2\right] dxdy.$$

外加力所做的功为

$$W = \iint\limits_{\Omega} f(x,y) u\, dxdy,$$

所以总的势能是

$$J[u(x,y)] = U - W = \iint\limits_{\Omega}\left[\frac{T}{2}\left(\frac{\partial u}{\partial x}\right)^2 + \frac{T}{2}\left(\frac{\partial u}{\partial y}\right)^2 - fu\right] dxdy.$$

根据最小势能原理,其真实的位移是使上列泛函 $J[u(x,y)]$ 达到最小值的位移. 如果在边界 $\partial\Omega$ 上再加上一个弹性支撑,其强度系数是 σ,则在边界上产生的横向恢复力的线密度为 $-\sigma u$. 另外,设在边界 $\partial\Omega$ 上外加一个线密度为 h 的横向力,这两种在边界上的力所做的功为

$$W_1 = \int_{\partial\Omega}(-\sigma u + h)u\,\mathrm{d}s = \int_{\partial\Omega}(-\sigma u^2 + hu)\,\mathrm{d}s,$$

这时,系统的总势能是

$$J[u(x,y)] = U - W - W_1 = \iint_{\Omega}\left[\frac{T}{2}\left(\frac{\partial u}{\partial x}\right)^2 + \frac{T}{2}\left(\frac{\partial u}{\partial y}\right)^2 - fu\right]\mathrm{d}x\mathrm{d}y + \int_{\partial\Omega}(\sigma u^2 - hu)\,\mathrm{d}s.$$

根据最小势能原理,其真实的位移是使上式的泛函达到最小值的位移.

例 7.1-5(弹性杆和弹性板的静态平衡位移问题)　设一个弹性杆(梁),其平衡位置在 ox 轴的一个区间 $[0,l]$ 上,在外力作用下弹性杆产生微小的形变. 设 $u(x)$ 为弹性杆在点 x 的垂直于 x 轴的横向位移,$f(x)$ 是外加在弹性杆上的横向外力密度,D 为弹性杆的弯曲硬度,根据弹性力学可知,该力学系统的总势能是

$$J[u(x)] = \int_0^l\left[\frac{D}{2}(u'')^2 - f(x)u\right]\mathrm{d}x.$$

根据最小势能原理,真实的位移是使上式的泛函达到最小值的位移.

设一个弹性薄板(薄壳),其平衡位置是 oxy 平面的一个区域 Ω,在外力作用下产生微小的形变. 设 $u(x,y)$ 为弹性板在点 (x,y) 的垂直于 oxy 平面的横向位移,$f(x,y)$ 是外加于弹性板的横向外力密度,D 为弹性板的弯曲硬度,根据弹性力学可知,该力学系统的总势能为

$$J[u(x,y)] = \iint_{\Omega}\left[\frac{D}{2}\left(\frac{\partial^2 u}{\partial x^2} + \frac{\partial^2 u}{\partial y^2}\right)^2 - f(x,y)u\right]\mathrm{d}x\mathrm{d}y.$$

根据最小势能原理,真实的位移 $u(x,y)$ 是使上式的泛函达到最小值的位移.

以上几个例子说明了泛函和泛函极值问题的实际意义,这些例子的几何意义和物理意义直观地说明在一定的容许函数中这些泛函一定有最小值和最小元.

7.2　泛函的变分、欧拉方程和边界条件

泛函的类型很多,我们通过上节的例子得到的泛函均为积分型的泛函,本章讨论的都是这种积分型泛函的变分问题,且设积分的区间或区域都是固定的.

7.2.1　变分法基本引理

在后面的推导过程中,常常用到下列引理,称之为变分法基本引理.

设 $f(x)$ 在 $[a,b]$ 上连续,若对于任意的在两个端点为 0 的 C^2 类函数 $\eta(x)$ 均有

$$\int_a^b f(x)\eta(x)\,\mathrm{d}x = 0,$$

则必有 $f(x) = 0$.

引理可用反证法证明. 即若设有一点 x_0 使 $f(x_0) \neq 0$, 则可构造一个函数 $\eta(x)$, 使 $\int_a^b f(x)\eta(x)\mathrm{d}x > 0$, 这里不详细写出证明的过程.

对于多元函数重积分的情况也有类似的引理. 我们仅写出二元函数的情形, 其他类似.

设 $f(x,y)$ 在闭区域 $\overline{\Omega}$ 上连续, 若对于任意在 Ω 的边界 $\partial\Omega$ 上为 0 的 C^2 类函数 $\eta(x,y)$, 均有 $\iint\limits_{\Omega} f(x,y)\eta(x,y)\mathrm{d}x\mathrm{d}y = 0$, 则必有 $f(x,y) = 0$.

7.2.2 一元函数的泛函

考察依赖于一个未知函数 $y(x)$ 的泛函 $J[y(x)] = \int_a^b F(x,y,y')\mathrm{d}x$, 式中, F 是所含变元的 C^2 类函数, 且泛函的定义域 $M = D(J)$ 也是 C^2 类函数中的满足适当边界条件的集合.

给定 $y(x) \in D(J)$, 给定一个改变元 $\delta y(x)$, 使 $y(x) + a\delta y(x)$ 也是 $D(J)$ 的一个函数, 则得小参数 α 的函数 $J[y(x) + a\delta y(x)]$, 称

$$\frac{\mathrm{d}}{\mathrm{d}\alpha}J[y(x) + a\delta y(x)]\Big|_{\alpha=0}$$

为泛函在自变元为 $y(x)$ 时的变分, 记为 $\delta J[y(x)]$.

根据定义可知

$$\delta J[y(x)] = \int_a^b \left[\frac{\partial F}{\partial y}\delta y(x) + \frac{\partial F}{\partial y'}\delta y'(x)\right]\mathrm{d}x,$$

式中, $\delta y'(x) = [\delta y(x)]'$. 把上式积分中的第二项分部积分一次得

$$\delta J[y(x)] = \int_a^b \left(F_y - \frac{\mathrm{d}}{\mathrm{d}x}F_{y'}\right)\delta y(x)\mathrm{d}x + \frac{\partial F}{\partial y'}\delta y(x)\Big|_a^b, \tag{7.2-1}$$

注意: 对于一元函数 $f(x)$ 来说, 它在 x 点的微分是

$$\frac{\mathrm{d}}{\mathrm{d}\alpha}f(x + \alpha\mathrm{d}x)\Big|_{\alpha=0} = f'(x)\mathrm{d}x,$$

所以, 泛函 $J[y(x)]$ 的变分是函数微分的推广.

如果 $y(x)$ 是 $J[y(x)]$ 的极值元(极值曲线), 则 $J[y(x) + \alpha\delta y(x)]$ 作为 α 的函数在 $\alpha = 0$ 时达到极值, 所以, 得出一个重要的结论: 若 $y(x)$ 为 $J[y(x)]$ 的极值曲线, 则必有 $\delta J[y(x)] = 0$. 又由于在 $[a,b]$ 上 $\delta y(x)$ 可任意, 根据变分法基本引理, $y(x)$ 为极值曲线时必满足

$$\begin{cases} F_y - \dfrac{\mathrm{d}}{\mathrm{d}x}F_{y'} = 0, & [7.2\text{-}2(a)] \\ \dfrac{\partial F}{\partial y'}\delta y\Big|_a^b = \dfrac{\partial F}{\partial y'}\Big|_{x=b}\delta y(b) - \dfrac{\partial F}{\partial y'}\Big|_{x=a}\delta y(a) = 0, & [7.2\text{-}2(b)] \end{cases}$$

式中,

$$F_y - \frac{\mathrm{d}}{\mathrm{d}x}F_{y'} = F_y - F_{y'x} - F_{y'y}y' - F_{y'y'}y'' = 0$$

是一个二阶常微分方程, 称此微分方程为泛函 $J[y(x)]$ 的欧拉方程. 方程式中左边的微分式称为泛函 $J[y(x)]$ 的欧拉导数, 记为 $[F]_y$, 即

$$[F]_y = F_y - \frac{\mathrm{d}}{\mathrm{d}x}F_{y'}. \tag{7.2-3}$$

如果在容许函数 $D(J)$ 中, 给定边界值 $y(a) = \alpha, y(b) = \beta$, 即容许曲线两个端点固定, 这时 [7.2-2(b)] 一定满足. 所以极值曲线必满足

$$\begin{cases} [F]_y = 0, \\ y(a) = \alpha, y(b) = \beta. \end{cases}$$

如果在容许函数 $D(J)$ 中, 端点 $y(a), y(b)$ 可以任意, 即容许曲线的两个端点可在直线 $x = a$ 和 $x = b$ 上自由地滑动, 则由于 $\delta y(a)$ 和 $\delta y(b)$ 可以任意取值, 所以由 [7.2-2(b)] 得

$$F_{y'}\big|_{x=a} = 0, F_{y'}\big|_{x=b} = 0.$$

称此边界条件为自然边界条件, 极值曲线必满足

$$\begin{cases} [F]_y = 0, \\ F_{y'}\big|_{x=a} = 0, F_{y'}\big|_{x=b} = 0. \end{cases}$$

如果容许曲线的一个端点固定 [如 $x = a$ 时 $y(a) = \alpha$], 另一个端点可以在直线 $x = b$ 上自由地滑动, 由 $\delta J[y(x)] = 0$ 可知, 极值曲线必满足边值问题

$$\begin{cases} [F]_y = 0, \\ y(a) = \alpha, F_{y'}\big|_{x=b} = 0, \end{cases}$$

式中, $F_{y'}\big|_{x=b} = 0$ 为自然边界条件.

在有些问题中端点既不是固定, 也不是自由地滑动, 这时会出现混合型的泛函

$$J[y(x)] = \int_a^b F(x, y, y')\mathrm{d}x + g(y)\big|_{x=a} + h(y)\big|_{x=b},$$

式中, 后两项是端点值的函数, 称之为泛函的附加项. 这时泛函的变分是

$$\delta J[y(x)] = \frac{\mathrm{d}}{\mathrm{d}\alpha}J[y(x) + a\delta y(x)]\big|_{\alpha=0}$$

$$= \int_a^b \left(F_y - \frac{\mathrm{d}}{\mathrm{d}x}F_{y'}\right)\delta y\mathrm{d}x + F_{y'}\delta y\big|_a^b + g_y(y)\big|_{x=a}\delta y(a) + h_y(y)\big|_{x=b}\delta y(b)$$

$$= \int_a^b \left(F_y - \frac{\mathrm{d}}{\mathrm{d}x}F_{y'}\right)\delta y\mathrm{d}x + (F_{y'} + h_y)\big|_{x=b}\delta y(b) + (g_y(y) - F_{y'})\big|_{x=a}\delta y(a).$$

所以, 如果 $y(x)$ 为极值曲线, 则由 $\delta J[y(x)] = 0$ 得

$$\begin{cases} [F]_y = F_y - \frac{\mathrm{d}}{\mathrm{d}x}F_{y'} = 0, \\ (F_{y'} + h_y)\big|_{x=b} = 0, (g_y - F_{y'})\big|_{x=a} = 0. \end{cases}$$

这时的两个边界条件也是自然边界条件, $[F]_y = 0$ 也是此种泛函的欧拉方程.

在 $D(J)$ 的元素中 $\delta J[y(x)] = 0$, 即 $y(x)$ 满足 $J[y(x)]$ 的欧拉方程和上述相应的边界条件, 是 $y(x)$ 为极值元的必要条件而非充分条件. 通常把在容许函数类中满足欧拉方程的函数 $y(x)$ 称为泛函的稳定元 (或逗留元或极值带), 它类似于函数极值问题中的驻点 (或逗

留点）．极值元一定是稳定元；反之不成立．在什么条件下稳定元是极值元的问题本章不再讨论，但是若根据所讨论的泛函的实际意义和某些分析可知在容许函数类中一定有唯一的极值元，那么由欧拉方程和相应边界条件得到的唯一的稳定元也就是所求的极值元，许多实际问题经常是这种情况．

如果 $F(x,y,y')=k(x)y'^2+q(x)y^2-2f(x)y,k(x)>0,q(x)\geqslant 0$，则 $J[y]$ 的欧拉方程为线性方程

$$\frac{\mathrm{d}}{\mathrm{d}x}\left[k(x)\frac{\mathrm{d}y}{\mathrm{d}x}\right]-q(x)y+f(x)=0.$$

特别地，当 $k(x)$ 和 $q(x)$ 为常数时得常系数二阶非齐次线性方程，这时欧拉方程的通解比较容易得到．

如果 $F(x,y,y')=F(x,y')$，即 F 中不显含 y 时，则欧拉方程为 $\frac{\mathrm{d}}{\mathrm{d}x}F_{y'}=0$，所以它有一个第一积分

$$F_{y'}=C_1.$$

如果 $F(x,y,y')=F(y,y')$，即 F 中不显含 x，则不难验证欧拉方程有一个第一积分

$$F-y'F_{y'}=C_1.$$

由第一积分再积分一次可得欧拉方程含有两个独立常数的通解，再由边界条件可得出稳定元．

例 7.2-1 在例 7.1-2 的最速下降问题中（如图 7.1-1 所示）

$$J[y(x)]=\int_0^{x_1}\frac{\sqrt{1+y'^2}}{\sqrt{2gy}}\mathrm{d}x.$$

此泛函中 $F(x,y,y')=\dfrac{\sqrt{1+y'^2}}{\sqrt{2gy}}$ 不显含 x，所以欧拉方程有一个第一积分

$$\frac{\sqrt{1+y'^2}}{\sqrt{2gy}}-\frac{y'^2}{\sqrt{2gy}\sqrt{1+y'^2}}=C,$$

化简得

$$y(1+y'^2)=2C_1,\text{式中 }C_1=\frac{1}{4gC^2}>0.$$

因为此第一积分中可把 y 解出，所以用参数法来解此一阶常微分方程．令

$$\begin{cases}y'=\cot\dfrac{\theta}{2},\\[2mm]y=\dfrac{2C_1}{\sqrt{1+y'^2}}=C_1(1-\cos\theta),\end{cases}$$

由 $\mathrm{d}x=\dfrac{\mathrm{d}y}{\cot\dfrac{\theta}{2}}=\dfrac{C_1\sin\theta}{\cot\dfrac{\theta}{2}}\mathrm{d}\theta=C_1(1-\cos\theta)\mathrm{d}\theta$，所以，得欧拉方程通解的参数形式

$$\begin{cases} x = C_1(\theta - \sin\theta) + C_2, \\ y = C_1(1 - \cos\theta), \end{cases} \quad (0 \leqslant \theta \leqslant \theta_1).$$

由于 $y(0) = 0 (\theta = 0$ 对应于 $x = 0; \theta = \theta_1$ 对应于 $x = x_1)$ 得 $C_2 = 0$, 即起点为原点的最速下降曲线为

$$\begin{cases} x = C_1(\theta - \sin\theta), \\ y = C_1(1 - \cos\theta), \end{cases} \quad (0 \leqslant \theta \leqslant \theta_1).$$

另外一个常数 C_1 需由当 $x = x_1$(即 $\theta = \theta_1$) 时的边界条件来确定, 而且也用这个边界条件来确定 θ_1, 这又可分为两种情况分别进行讨论.

第一种情况是给定 $y(x_1) = y_1$, 即固定最速下降曲线的另一个端点. 则由

$$\begin{cases} x_1 = C_1(\theta_1 - \sin\theta_1), \\ y_1 = C_1(1 - \cos\theta_1), \end{cases}$$

推出

$$\frac{x_1}{y_1} = \frac{\theta_1 - \sin\theta_1}{1 - \cos\theta_1},$$

求出该方程的最小正根 θ_1, 接着确定得

$$C_1 = \frac{x_1}{\theta_1 - \sin\theta_1} = \frac{y_1}{1 - \cos\theta_1},$$

这样就确定得唯一的最速下降曲线.

第二种情况是另一个端点可以在直线 $x = x_1$ 上滑动, 这时, 在 x_1 的边界条件由自然边界条件确定得

$$F_{y'}'\big|_{x=x_1} = 0, \text{即 } y'\big|_{x=x_1} = 0.$$

此时,最速下降曲线在另一个端点处与直线 $x = x_1$ 正交, 由 $y'|_{x=x_1} = 0$ 得

$$\frac{C_1\sin\theta}{C_1(1 - \cos\theta)}\bigg|_{\theta = \theta_1} = 0,$$

由此,确定得 $\theta_1 = \pi$, 接着可确定

$$C_1 = \frac{x_1}{\theta_1 - \sin\theta_1} = \frac{x_1}{\pi}.$$

所以,这种情况下的最速下降曲线是

$$\begin{cases} x = \dfrac{x_1}{\pi}(\theta - \sin\theta), \\ y = \dfrac{x_1}{\pi}(1 - \cos\theta) \end{cases} \quad (0 \leqslant \theta \leqslant \pi).$$

以上两种情况下的最速下降曲线均为旋轮线, 滚圆的半径为 C_1. 从上面的讨论可知, 一般而言两种情况的最速下降曲线是不同的(如图 7.1-1 所示), 即确定得的 C_1 和 θ_1 一般不相同.

例 7.2-2　在例 7.1-4 的弦的静态位移问题中, 系统的总势能是

$$J[u(x)] = \int_0^l \left[\frac{T}{2} u'^2 - f(x)u \right] dx,$$

则真实的位移满足的欧拉方程为

$$Tu'' + f(x) = 0.$$

特别地，若令 $f(x) = 1$，则

$$u(x) = \frac{-1}{2T} x^2 + C_1 + C_2 x.$$

即在均匀的横向外力作用下，静态的弦的形状是抛物线，对于两端固定的弦，设 $u(0) = u(l) = 0$，则

$$u(x) = \frac{1}{2T} x(l - x).$$

7.2.3 多元函数的泛函

设

$$J[u(x,y)] = \iint_\Omega F(x,y,u,p,q) dx dy,$$

式中，$p = \dfrac{\partial u}{\partial x}, q = \dfrac{\partial u}{\partial y}$，$F$ 是所含变元的 C^2 类函数. 设泛函的定义域 $D(J)$ 也是在闭区域 $\overline{\Omega}$ 上的 C^2 类函数且满足适当的边界条件.

给定 $u(x,y) \in D(J)$，改变元 $\delta u(x,y)$ 使 $u(x,y) + \alpha \delta u(x,y)$ 为 $D(J)$ 中的另一个函数，得作为小参数 α 的函数 $J[u(x,y) + \alpha \delta u(x,y)]$，则称

$$\frac{d}{d\alpha} J[u(x,y) + \alpha \delta u(x,y)] \Big|_{\alpha=0}$$

为泛函 $J[u(x,y)]$ 在自变元为 $u(x,y)$ 时的变分，记为 $\delta J[u(x,y)]$. 所以

$$\delta J[u(x,y)] = \iint_\Omega [F_u \delta u + F_p (\delta u)_x + F_q (\delta u)_y] dx dy,$$

把上式积分中的第二项和第三项应用格林公式得

$$\begin{aligned}
\delta J[u(x,y)] = &\iint_\Omega \left(F_u - \frac{\partial}{\partial x} F_p - \frac{\partial}{\partial y} F_q \right) \delta u dx dy \\
&+ \int_{\partial \Omega} [F_p \cos(n,x) + F_q \cos(n,y)] \delta u ds,
\end{aligned} \tag{7.2-4}$$

式中，n 为 Ω 的边界 $\partial \Omega$ 的外法线方向，$(n,x),(n,y)$ 分别是 n 方向与 x,y 轴的夹角，而且

$$\frac{\partial}{\partial x} F_p = F_{px} + F_{pu} \frac{\partial u}{\partial x} + F_{pp} \frac{\partial^2 u}{\partial x^2} + F_{pq} \frac{\partial^2 u}{\partial x \partial y},$$

$$\frac{\partial}{\partial y} F_q = F_{qy} + F_{qu} \frac{\partial u}{\partial y} + F_{qp} \frac{\partial^2 u}{\partial x \partial y} + F_{qq} \frac{\partial^2 u}{\partial y^2}.$$

这里 $\dfrac{\partial}{\partial x} F_p$ 是把 F_p 作为自变量 x,y 的复合函数时对于 x 的偏导数，可称为全偏导数，$\dfrac{\partial}{\partial y} F_q$ 也

是全偏导数.

若 $u(x,y)$ 为泛函 $J[u(x,y)]$ 的极值元(极值曲面),那么作为 α 的函数 $J[u(x,y) + \alpha\delta u(x,y)]$ 在 $\alpha = 0$ 时达到极值,所以,必有 $\delta J[u(x,y)] = 0$. 又由于在 Ω 上 $\delta u(x,y)$ 可以任意,根据变分法基本引理可得

$$
\begin{cases}
F_u - \dfrac{\partial}{\partial x}F_p - \dfrac{\partial}{\partial y}F_q = 0, & [7.2\text{-}5(\mathrm{a})] \\[4mm]
\displaystyle\int_{\partial\Omega}[F_p\cos(n,x) + F_q\cos(n,y)]\delta u\mathrm{d}s = 0. & [7.2\text{-}5(\mathrm{b})]
\end{cases}
$$

称方程 $[7.2\text{-}5(\mathrm{a})]$ 为泛函 $J[u(x,y)]$ 的欧拉方程,称 $[7.2\text{-}5(\mathrm{a})]$ 中左边的微分式为欧拉导数,记为 $[F]_u$,即

$$
[F]_u = F_u - \frac{\partial}{\partial x}F_p - \frac{\partial}{\partial y}F_q. \tag{7.2-6}
$$

若在 $\partial\Omega$ 上给定第一边界条件 $u|_{\partial\Omega} = \varphi(x,y)$,那么 $[7.2\text{-}5(\mathrm{b})]$ 一定满足,所以,极值曲面必满足

$$
\begin{cases}
[F]_u = 0, \\
u|_{\partial\Omega} = \varphi(x,y).
\end{cases}
$$

若在 $\partial\Omega$ 上 $u(x,y)$ 可以任意取值,即容许曲面 $u(x,y)$ 可以在以 Ω 为底的柱面 $\partial\Omega$ 上自由的滑动,那么极值曲面 $u(x,y)$ 必满足

$$
\begin{cases}
[F]_u = 0, \\
[F_p\cos(n,x) + F_q\cos(n,y)]|_{\partial\Omega} = 0,
\end{cases}
$$

称上述边界条件为自然边界条件.

若 $F(x,y,u,p,q) = k(x,y)\left(\dfrac{\partial u}{\partial x}\right)^2 + k(x,y)\left(\dfrac{\partial u}{\partial y}\right)^2 + q(x,y)u^2 - 2f(x,y)u$ 时,则

欧拉方程为二阶线性偏微分方程

$$
\frac{\partial}{\partial x}\left(k\frac{\partial u}{\partial x}\right) + \frac{\partial}{\partial y}\left(k\frac{\partial u}{\partial y}\right) - qu + f = 0,
$$

这时的自然边界条件为 $k\dfrac{\partial u}{\partial n}\bigg|_{\partial\Omega} = 0$.

例 7.2-3 在例 7.1-4 的薄膜的静态位移问题中

$$
J[u(x,y)] = \iint_{\Omega}\left[\frac{T}{2}\left(\frac{\partial u}{\partial x}\right)^2 + \frac{T}{2}\left(\frac{\partial u}{\partial y}\right)^2 - f(x,y)u\right]\mathrm{d}x\mathrm{d}y.
$$

如果薄膜的边界是固定的,即给定了第一边界条件,那么真实的位移满足

$$
\begin{cases}
T\left(\dfrac{\partial^2 u}{\partial x^2} + \dfrac{\partial^2 u}{\partial y^2}\right) + f(x,y) = 0, \\[3mm]
u|_{\partial\Omega} = \varphi(x,y).
\end{cases}
$$

如果薄膜可以在 $\partial\Omega$ 上自由的滑动,那么真实的位移满足

$$\begin{cases} T\left(\dfrac{\partial^2 u}{\partial x^2} + \dfrac{\partial^2 u}{\partial y^2}\right) + f(x,y) = 0, \\ \dfrac{\partial u}{\partial n}\Big|_{\partial\Omega} = 0. \end{cases}$$

例 7.2-4 在例 7.1-3 的极小曲面问题中

$$J[u(x,y)] = \iint_{\Omega} \sqrt{1 + p^2 + q^2}\, dxdy,$$

则极小曲面满足的欧拉方程为

$$\frac{\partial}{\partial x} F_p + \frac{\partial}{\partial y} F_q = 0,$$

即

$$r(1 + q^2) - 2pqs + t(1 + p^2) = 0,$$

式中，$r = \dfrac{\partial^2 u}{\partial x^2}, s = \dfrac{\partial^2 u}{\partial x \partial y}, t = \dfrac{\partial^2 u}{\partial y^2}$.

如果容许曲面的边界固定，则极小曲面满足

$$\begin{cases} r(1 + q^2) - 2pqs + t(1 + p^2) = 0, \\ u\big|_{\partial\Omega} = \varphi(x,y). \end{cases}$$

如果边界曲线是一条平面曲线，即 $u\big|_{\partial\Omega} = (ax + by + c)\big|_{\partial\Omega}$，显然极小曲面是一个平面

$$u(x,y) = ax + by + c.$$

如果容许曲面可以在 $\partial\Omega$ 上自由地滑动，那么根据自然边界条件可知，极小曲面满足

$$\begin{cases} r(1 + q^2) - 2pqs + t(1 + p^2) = 0, \\ \dfrac{\partial u}{\partial n}\Big|_{\partial\Omega} = 0. \end{cases}$$

显然这时的极小曲面是平面 $u = c, c$ 为任意常数.

类似地，可以讨论三元函数的泛函和泛函极值的情况.

设

$$J[u(x,y,z)] = \iiint_{\Omega} F(x,y,z,u,P_1,P_2,P_3)\, dxdydz,$$

Ω 是空间的一个固定的区域，$\partial\Omega$ 是 Ω 的边界曲面，式中，$P_1 = \dfrac{\partial u}{\partial x}, P_2 = \dfrac{\partial u}{\partial y}, P_3 = \dfrac{\partial u}{\partial z}$.

此时，泛函的变分是

$$\delta J[u] = \frac{d}{d\alpha} J[u + \alpha \delta u]\Big|_{\alpha = 0}$$

$$= \iiint_{\Omega} [F_u \delta u + F_{P_1}(\delta u)_x + F_{P_2}(\delta u)_y + F_{P_3}(\delta u)_z]\, dxdydz.$$

在上式中应用高斯公式得

$$\delta J[\,u\,] = \iiint\limits_{\Omega}\left(F_u - \frac{\partial}{\partial x}F_{P_1} - \frac{\partial}{\partial y}F_{P_2} - \frac{\partial}{\partial z}F_{P_3}\right)\delta u\mathrm{d}x\mathrm{d}y\mathrm{d}z$$

$$\tag{7.2-7}$$

$$+ \iint\limits_{\partial\Omega}[\,(F_{P_1}\cos(n,x) + F_{P_2}\cos(n,y) + F_{P_3}\cos(n,z)\,]\delta u\mathrm{d}s,$$

式中, n 为 $\partial\Omega$ 的外法线方向.

如果 $u(x,y,z)$ 为 $J[\,u(x,y,z)\,]$ 的极值元, 则必有 $\delta J[\,u\,] = 0$. 根据三元函数时的变分法基本引理得

$$\begin{cases} F_u - \dfrac{\partial}{\partial x}F_{P_1} - \dfrac{\partial}{\partial y}F_{P_2} - \dfrac{\partial}{\partial z}F_{P_3} = 0, & [7.2\text{-}8(\mathrm{a})] \\[2mm] \displaystyle\iint\limits_{\partial\Omega}[\,F_{P_1}\cos(n,x) + F_{P_2}\cos(n,y) + F_{P_3}\cos(n,z)\,]\delta u\mathrm{d}s = 0, & [7.2\text{-}8(\mathrm{b})] \end{cases}$$

称 $[7.2\text{-}8(\mathrm{a})]$ 为泛函的欧拉方程, 泛函的欧拉导数为

$$[\,F\,]_u = F_u - \frac{\partial}{\partial x}F_{P_1} - \frac{\partial}{\partial y}F_{P_2} - \frac{\partial}{\partial z}F_{P_3},$$

式中, $\dfrac{\partial}{\partial x}F_{P_1}, \dfrac{\partial}{\partial y}F_{P_2}, \dfrac{\partial}{\partial z}F_{P_3}$ 是全偏导数, 比如

$$\frac{\partial}{\partial x}F_{P_1} = F_{P_1 x} + F_{P_1 u}\frac{\partial u}{\partial x} + F_{P_1 P_1}\frac{\partial^2 u}{\partial x^2} + F_{P_1 P_2}\frac{\partial^2 u}{\partial x \partial y} + F_{P_1 P_3}\frac{\partial^2 u}{\partial x \partial z}.$$

若容许函数 $u(x,y,z)$ 给定了第一边界条件, 那么极值元必满足

$$\begin{cases} [\,F\,]_u = 0, \\ u\,|_{\partial\Omega} = \varphi(x,y,z). \end{cases}$$

若在 $\partial\Omega$ 上容许函数可以自由地滑动, 那么极值元必满足

$$\begin{cases} [\,F\,]_u = 0, \\ [\,F_{P_1}\cos(n,x) + F_{P_2}\cos(n,y) + F_{P_3}\cos(n,z)\,]\,|_{\partial\Omega} = 0. \end{cases}$$

称上述边界条件为自然边界条件.

例 7.2-5　设

$$J[\,u(x,y,z)\,] = \iiint\limits_{\Omega}\left[\frac{T}{2}\left(\frac{\partial u}{\partial x}\right)^2 + \frac{T}{2}\left(\frac{\partial u}{\partial y}\right)^2 + \frac{T}{2}\left(\frac{\partial u}{\partial z}\right)^2 - f(x,y,z)u\right]\mathrm{d}x\mathrm{d}y\mathrm{d}z,$$

其极值元必满足的欧拉方程为

$$T\left(\frac{\partial^2 u}{\partial x^2} + \frac{\partial^2 u}{\partial y^2} + \frac{\partial^2 u}{\partial z^2}\right) + f(x,y,z) = 0.$$

如果容许函数中给定了第一边界条件, 那么极值元 $u(x,y,z)$ 必满足

$$\begin{cases} T\Delta_3 u + f(x,y,z) = 0, \\ u\,|_{\partial\Omega} = \varphi(x,y,z). \end{cases}$$

如果容许函数在边界 $\partial\Omega$ 上可以任意的变化, 那么极值元必满足

$$\begin{cases} T\Delta_3 u + f(x,y,z) = 0, \\ \left. \dfrac{\partial u}{\partial n} \right|_{\partial\Omega} = 0. \end{cases}$$

7.2.4 混合积分型泛函的情况

设

$$J[u(x,y)] = \iint\limits_{\Omega} F(x,y,u,p,q)\,\mathrm{d}x\mathrm{d}y + \int_{\partial\Omega} g(x,y,u)\,\mathrm{d}s.$$

此种泛函中的第二项称为附加项，它是依赖于 u 在边界 $\partial\Omega$ 上取值的一个泛函. 这种混合积分型泛函的讨论是类似的，即泛函在自变元为 $u(x,y)$ 时的变分是

$$\delta J[u(x,y)] = \frac{\mathrm{d}}{\mathrm{d}\alpha} J[u + \alpha\delta u]\big|_{\alpha=0}$$

$$= \iint\limits_{\Omega}\left(F_u - \frac{\partial}{\partial x}F_p - \frac{\partial}{\partial y}F_q\right)\delta u\mathrm{d}x\mathrm{d}y + \int_{\partial\Omega}[F_p\cos(n,x) + F_q\cos(n,y) + g_u]\delta u\mathrm{d}s.$$

若 $u(x,y)$ 为极值曲面，则它必满足下列欧拉方程的边值问题

$$\begin{cases} F_u - \dfrac{\partial}{\partial x}F_P - \dfrac{\partial}{\partial y}F_q = 0, & [7.2\text{-}9(\mathrm{a})] \\ [F_p\cos(n,x) + F_q\cos(n,y) + g_u]\big|_{\partial\Omega} = 0. & [7.2\text{-}9(\mathrm{b})] \end{cases}$$

在这种混合型泛函的情况，边界条件为自然边界条件.

对于三元函数的混合型积分泛函的情况是类似的. 设

$$J[u(x,y,z)] = \iiint\limits_{\Omega} F(x,y,z,u,P_1,P_2,P_3)\,\mathrm{d}x\mathrm{d}y + \iint\limits_{\partial\Omega} g(x,y,z,u)\,\mathrm{d}s,$$

这时泛函的变分为

$$\delta J[u(x,y,z)] = \iiint\limits_{\Omega}\left(F_u - \frac{\partial}{\partial x}F_{P_1} - \frac{\partial}{\partial y}F_{P_2} - \frac{\partial}{\partial z}F_{P_3}\right)\delta u\mathrm{d}x\mathrm{d}y\mathrm{d}z$$

$$+ \iint\limits_{\partial\Omega}[F_{P_1}\cos(n,x) + F_{P_2}\cos(n,y) + F_{P_3}\cos(n,z) + g_u]\delta u\mathrm{d}s.$$

若 $u(x,y,z)$ 为极值元，则它必满足欧拉方程的下列边值问题

$$\begin{cases} F_u - \dfrac{\partial}{\partial x}F_{P_1} - \dfrac{\partial}{\partial y}F_{P_2} - \dfrac{\partial}{\partial z}F_{P_3} = 0, \\ [F_{P_1}\cos(n,x) + F_{P_2}\cos(n,y) + F_{P_3}\cos(n,z) + g_u]\big|_{\partial\Omega} = 0. \end{cases}$$

例 7.2-6 在例 7.1-4 的理想薄膜的静态位移问题中，若在薄膜的边界上加上强度为 σ 的支撑和线密度为 h 的横向力，此力学系统的总势能为

$$J[u(x,y)] = \iint\limits_{\Omega}\left[\frac{T}{2}\left(\frac{\partial u}{\partial x}\right)^2 + \frac{T}{2}\left(\frac{\partial u}{\partial y}\right)^2 - f(x,y)u\right]\mathrm{d}x\mathrm{d}y + \int_{\partial\Omega}(\sigma u^2 - hu)\,\mathrm{d}s,$$

根据最小势能原理，真实的横向位移必满足

$$\begin{cases} T\left(\dfrac{\partial^2 u}{\partial x^2} + \dfrac{\partial^2 u}{\partial y^2}\right) + f(x,y) = 0, \\[3mm] \left(T\dfrac{\partial u}{\partial n} + 2\sigma u\right)\Big|_{\partial\Omega} = h. \end{cases}$$

其边界条件为自然边界问题.

例 7.2-7　设三元函数的泛函

$$J[u(x,y,z)] = \iiint\limits_{\Omega}\left\{\frac{T}{2}\left[\left(\frac{\partial u}{\partial x}\right)^2 + \left(\frac{\partial u}{\partial y}\right)^2 + \left(\frac{\partial u}{\partial z}\right)^2\right] - fu\right\}\mathrm{d}x\mathrm{d}y\mathrm{d}z$$

$$+ \iint\limits_{\partial\Omega}(\sigma u^2 - hu)\,\mathrm{d}s,$$

则泛函的极值元 $u(x,y,z)$ 必满足

$$\begin{cases} T\Delta_3 u + f(x,y,z) = 0, \\[3mm] \left(T\dfrac{\partial u}{\partial x} + 2\sigma u\right)\Big|_{\partial\Omega} = h. \end{cases}$$

7.2.5　泛函中包含二阶导数的情况

设

$$J[y(x)] = \int_a^b F(x,y,y',y'')\mathrm{d}x,$$

类似地,可以定义 $\delta J[y(x)]$,$y(x)$ 为极值元的必要条件为 $\delta J[y(x)] = 0$,极值曲线必满足欧拉方程

$$[F]_y = F_y - \frac{\mathrm{d}}{\mathrm{d}x}F_{y'} + \frac{\mathrm{d}^2}{\mathrm{d}x^2}F_{y''} = 0.$$

设

$$J[u(x,y)] = \iint\limits_{\Omega}F(x,y,u,p,q,r,s,t)\,\mathrm{d}x\mathrm{d}y,$$

式中,$p = \dfrac{\partial u}{\partial x}, q = \dfrac{\partial u}{\partial y}, r = \dfrac{\partial^2 u}{\partial x^2}, s = \dfrac{\partial^2 u}{\partial x\partial y}, t = \dfrac{\partial^2 u}{\partial y^2}$. 类似地,可定义 $\delta J[u(x,y)]$,$u(x,y)$ 为极值曲面的必要条件是 $\delta J[u(x,y)] = 0$,极值曲面必须满足欧拉方程

$$[F]_u = F_u - \frac{\partial}{\partial x}F_p - \frac{\partial}{\partial y}F_q + \frac{\partial^2}{\partial x^2}F_r + 2\frac{\partial^2}{\partial x\partial y}F_s + \frac{\partial^2}{\partial y^2}F_t = 0.$$

在这种情况下欧拉方程为四阶微分方程.

例 7.2-8　在例 7.1-5 的弹性杆和弹性板的静态横向位移中, 对应的总势能分别为

$$J[u(x)] = \int_0^l\left[\frac{D}{2}(u'')^2 - f(x)u\right]\mathrm{d}x,$$

$$J[u(x,y)] = \iint\limits_{\Omega}\left[\frac{D}{2}\left(\frac{\partial^2 u}{\partial x^2} + \frac{\partial^2 u}{\partial y^2}\right)^2 - f(x,y)u\right]\mathrm{d}x\mathrm{d}y.$$

相应的欧拉方程分别为

$$Du^{(4)}(x) - f(x) = 0,$$

$$D\left(\frac{\partial^4 u}{\partial x^4} + \frac{\partial^4 u}{\partial y^4} + 2\frac{\partial^4 u}{\partial x^2 \partial y^2}\right) - f(x,y) = 0.$$

在适当的边界条件下，即可求出真实的相应的位移函数 $u(x)$ 和 $u(x,y)$，例如，对于边界固定的情况，相应的边界条件分别是

$$u(0) = u(l) = u'(0) = u'(l) = 0$$

和

$$u\mid_{\partial\Omega} = 0, \frac{\partial u}{\partial n}\bigg|_{\partial\Omega} = 0,$$

特别地，在弹性杆的静态横向位移中，若 $f(x) = 1$，则

$$u(x) = \frac{x^4}{24D} + C_1 + C_2 x + C_3 x^2 + C_4 x^3,$$

即在均匀的横向外力作用下，静态的弹性杆形状是四次曲线. 对于两端固定的弹性杆为

$$u(x) = \frac{x^2}{24D}(x - l)^2.$$

7.2.6 两个一元函数 $[y(x), z(x)]$ 的泛函

设

$$J[y(x), z(x)] = \int_a^b F(x, y, z, y', z')\mathrm{d}x,$$

F 是所含变元的 C^2 类函数，$M = \{y(x), z(x)\}$ 是定义在 $[a,b]$ 上满足适当的边界条件的 C^2 类函数的集合，称之为泛函的定义域 $D(J)$.

若给定 $[y(x), z(x)] \in M$，给定一个改变元 $[\delta y(x), \delta z(x)]$ 使 $[y(x) + \alpha\delta y(x), z(x) + \alpha\delta z(x)] \in M$，则称

$$\frac{\mathrm{d}}{\mathrm{d}\alpha}J[y(x) + \alpha\delta y(x), z(x) + \alpha\delta z(x)]_{\alpha=0} = \delta J[y(x), z(x)]$$

为泛函 $J[y(x), z(x)]$ 在自变元为 $[y(x), z(x)]$ 时的变分，所以

$$\delta J[y(x), z(x)] = \int_a^b\left(F_y - \frac{\mathrm{d}}{\mathrm{d}x}F_{y'}\right)\delta y\mathrm{d}x + \int_a^b\left(F_z - \frac{\mathrm{d}}{\mathrm{d}x}F_{z'}\right)\delta z\mathrm{d}x + (F_{y'}\delta y + F_{z'}\delta z)\mid_a^b.$$

若 $[y(x), z(x)]$ 为极值元(极值曲线)，则必有

$$\delta J[y(x), z(x)] = 0,$$

由于当 $x \in [a,b]$ 时，$\delta y(x)$、$\delta z(x)$ 的任意性，所以，若 $[y(x), z(x)]$ 为极值曲线时，则必有

$$\begin{cases} [F]_y = F_y - \dfrac{\mathrm{d}}{\mathrm{d}x}F_{y'} = 0, \\[2mm] [F]_z = F_z - \dfrac{\mathrm{d}}{\mathrm{d}x}F_{z'} = 0, \\[2mm] (F_{y'}\delta y + F_{z'}\delta z)\mid_a^b = 0, \end{cases}$$

式中，$[F]_y = 0$，$[F]_z = 0$ 称为泛函的欧拉方程组，称 $[F]_y$ 和 $[F]_z$ 为欧拉导数.

如果在容许曲线中两个端点固定，即给出边界条件

$$\begin{pmatrix} y(x) \\ z(x) \end{pmatrix} \bigg|_{x=a} = \begin{pmatrix} \alpha_1 \\ \beta_1 \end{pmatrix}, \quad \begin{pmatrix} y(x) \\ z(x) \end{pmatrix} \bigg|_{x=b} = \begin{pmatrix} \alpha_2 \\ \beta_2 \end{pmatrix},$$

则极值曲线必然满足边值问题

$$\begin{cases} [F]_y = 0, \\ [F]_z = 0, \\ \begin{pmatrix} y \\ z \end{pmatrix}_{x=a} = \begin{pmatrix} \alpha_1 \\ \beta_1 \end{pmatrix}, \begin{pmatrix} y \\ z \end{pmatrix} \bigg|_{x=b} = \begin{pmatrix} \alpha_2 \\ \beta_2 \end{pmatrix}. \end{cases}$$

如果在容许曲线中，两个端点可以分别在平面 $x=a$ 和 $x=b$ 上自由地滑动，则极值曲线必满足

$$\begin{cases} [F]_y = 0, \\ [F]_z = 0, \\ F_{y'}' \big|_{x=a} = 0, F_{y'}' \big|_{x=b} = 0, F_{z'}' \big|_{x=a} = 0, F_{z'}' \big|_{x=b} = 0. \end{cases}$$

上述边界条件称为自然边界条件.

类似地可以讨论其他边界条件的情况，如一个端点固定，另一个端点自由滑动.

例 7.2-9 求泛函

$$J[y(x), z(x)] = \int_0^{\frac{\pi}{2}} (y'^2 + z'^2 + 2yz) \, \mathrm{d}x$$

的逗留函数，容许曲线两端固定，$y(0) = 0, z(0) = 0, y\left(\dfrac{\pi}{2}\right) = 1, z\left(\dfrac{\pi}{2}\right) = -1.$

解　逗留函数满足下列泛函的欧拉方程组的边值问题

$$\begin{cases} y'' - z = 0, \\ z'' - y = 0, \end{cases} \begin{pmatrix} y \\ z \end{pmatrix} \bigg|_{x=0} = \begin{pmatrix} 0 \\ 0 \end{pmatrix}, \quad \begin{pmatrix} y \\ z \end{pmatrix} \bigg|_{x=\frac{\pi}{2}} = \begin{pmatrix} 1 \\ -1 \end{pmatrix},$$

解欧拉方程组得通解

$$\begin{cases} y(x) = C_1 \mathrm{e}^x + C_2 \mathrm{e}^{-x} + C_3 \cos x + C_4 \sin x, \\ z(x) = C_1 \mathrm{e}^x + C_2 \mathrm{e}^{-x} - C_3 \cos x - C_4 \sin x. \end{cases}$$

由边界条件求得 $C_1 = C_2 = C_3 = 0, C_4 = 1$，故所求逗留曲线为

$$\begin{cases} y = \sin x, \\ z = -\sin x, \end{cases} \quad 0 \leqslant x \leqslant \frac{\pi}{2}.$$

7.2.7　两个二元函数泛函的情况

设

$$J[u(x,y), v(x,y)] = \iint\limits_{\Omega} F(x, y, u, v, p_1, q_1, p_2, q_2) \, \mathrm{d}x \mathrm{d}y,$$

式中，$p_1 = \dfrac{\partial u}{\partial x}, q_1 = \dfrac{\partial u}{\partial y}, p_2 = \dfrac{\partial v}{\partial x}, q_2 = \dfrac{\partial v}{\partial y}.$

泛函在自变元为 $u(x,y),v(x,y)$ 时的变分为

$$\delta J\big[\,(u,v)\,\big] = \frac{\mathrm{d}}{\mathrm{d}\alpha}J\big[u+\alpha\delta u,v+\alpha\delta v\big]\big|_{\alpha=0}$$

$$= \iint\limits_{\Omega}\Big(F_u-\frac{\partial}{\partial x}F_{p_1}-\frac{\partial}{\partial y}F_{q_1}\Big)\delta u\mathrm{d}x\mathrm{d}y + \iint\limits_{\Omega}\Big(F_v-\frac{\partial}{\partial x}F_{p_2}-\frac{\partial}{\partial y}F_{q_2}\Big)\delta v\mathrm{d}x\mathrm{d}y$$

$$+ \int_{\partial\Omega}\big[F_{p_1}\cos(n,x)+F_{q_1}\cos(n,y)\big]\delta u\mathrm{d}s$$

$$+ \int_{\partial\Omega}\big[F_{p_2}\cos(n,x)+F_{q_2}\cos(n,y)\big]\delta v\mathrm{d}s,$$

极值元 $u(x,y),v(x,y)$ 必然满足 $\delta J[u,v]=0$，从而极值元必然满足下列欧拉方程组和边界条件

$$\begin{cases} [F]_u = F_u - \dfrac{\partial}{\partial x}F_{p_1} - \dfrac{\partial}{\partial y}F_{q_1} = 0, \\[2mm] [F]_v = F_v - \dfrac{\partial}{\partial x}F_{p_2} - \dfrac{\partial}{\partial y}F_{q_2} = 0, \\[2mm] \displaystyle\int_{\partial\Omega}\big[(F_{p_1}\cos(n,x)+F_{q_1}\cos(n,y))\delta u + (F_{p_2}\cos(n,x)+F_{q_2}\cos(n,y))\delta v\big]\mathrm{d}s = 0. \end{cases}$$

如果给定了第一边界条件，则极值元必满足

$$\begin{cases} [F]_u = 0, \\ [F]_v = 0, \\ u\big|_{\partial\Omega} = \varphi(x,y), v\big|_{\partial\Omega} = \psi(x,y). \end{cases}$$

如果极值元可以自由地在 $\partial\Omega$ 上滑动，则它们必然满足

$$\begin{cases} [F]_u = 0, \\ [F]_v = 0, \\ (F_{p_1}\cos(n,x)+F_{q_1}\cos(n,y))\big|_{\partial\Omega} = 0, \\ (F_{p_2}\cos(n,x)+F_{q_2}\cos(n,y))\big|_{\partial\Omega} = 0. \end{cases}$$

7.2.8　哈密顿原理和例子

从前边的讨论可知，根据最小势能原理，对于讨论静态的力学系统时，变分法起着基本的作用. 对于研究动态的力学系统的运动规律时变分法也起着重要的作用，这是因为有下列：

哈密顿(Hamilton)原理. 一个动态的力学系统，以 $u(t,M)$ 表示在 t 时刻空间点 M 的状态[例如 $u(t,M)$ 为位移函数]，那么，从 t_0 时刻的状态转移到 t_1 时刻的状态时其真实的运动是使

$$J\big[u(t,M)\big] = \int_{t_0}^{t_1}L\mathrm{d}t$$

的变分为 0，即 $\delta J[u(t,M)]=0$，

式中，$L=V-U$，称为拉格朗日(Lagrange)函数，

V 为系统在 t 时刻的总动能,

U 为系统在 t 时刻的总势能.

例 7.2-10(弦的横向微小振动问题)　此问题第 1 章已讨论过. 在本章的例 7.1-4 和例 7.2-2 中讨论过弦的静态位移, 现在讨论的是动态位移的问题. 即 $u(t,x)$ 表示在时刻 t 弦上 x 点的横向位移, $f(t,x)$ 是 t 时刻作用在弦上 x 点的横向力的密度, ρ 为弦的密度, 这时

$$V = \int_0^l \frac{\rho}{2}\left(\frac{\partial u}{\partial t}\right)^2 \mathrm{d}x,$$

$$U = \int_0^l \left[\frac{T}{2}\left(\frac{\partial u}{\partial x}\right)^2 - f(t,x)u\right]\mathrm{d}x,$$

$$J[u(t,x)] = \int_{t_0}^{t_1}\mathrm{d}t\int_0^l\left[\frac{\rho}{2}\left(\frac{\partial u}{\partial t}\right)^2 - \frac{T}{2}\left(\frac{\partial u}{\partial x}\right)^2 + f(t,x)u\right]\mathrm{d}x.$$

由 $\delta J[u(t,x)] = 0$, 得 $u(t,x)$ 满足的欧拉方程为

$$\rho\frac{\partial^2 u}{\partial t^2} - T\frac{\partial^2 u}{\partial x^2} - f(t,x) = 0.$$

为了得出确定的位移 $u(t,x)$, 还需给出初始条件和适当的边界条件.

例 7.2-11(薄膜的横向微小振动问题)　在本章的例 7.1-4 和例 7.2-3 中已讨论过膜的静态位移问题, 现在讨论的是动态的问题. 即 $u(t,x,y)$ 表示在 t 时刻膜上点 (x,y) 的横向位移, $f(t,x,y)$ 是 t 时刻作用在膜的外加横向力密度, T 为张力强度, ρ 为膜的密度. 在此力学系统中

$$V = \iint_\Omega \frac{\rho}{2}\left(\frac{\partial u}{\partial t}\right)^2 \mathrm{d}x\mathrm{d}y,$$

$$U = \iint_\Omega\left[\frac{T}{2}\left(\frac{\partial u}{\partial x}\right)^2 + \frac{T}{2}\left(\frac{\partial u}{\partial y}\right)^2 - f(t,x,y)u\right]\mathrm{d}x\mathrm{d}y,$$

所以,

$$J[u(t,x,y)] = \int_{t_0}^{t_1}\mathrm{d}t\iint_\Omega\left[\frac{\rho}{2}\left(\frac{\partial u}{\partial t}\right)^2 - \frac{T}{2}\left(\frac{\partial u}{\partial x}\right)^2 - \frac{T}{2}\left(\frac{\partial u}{\partial y}\right)^2 + fu\right]\mathrm{d}x\mathrm{d}y.$$

由 $\delta J[u(t,x,y)] = 0$, 得 u 满足的欧拉方程为

$$\rho\frac{\partial^2 u}{\partial t^2} - T\left(\frac{\partial^2 u}{\partial x^2} + \frac{\partial^2 u}{\partial y^2}\right) - f(t,x,y) = 0.$$

为了确定真实的位移, 还需加初始条件和边界条件.

例 7.2-12(弹性杆和弹性板的振动问题)　在本章的例 7.1-5 和例 7.2-9 讨论过弹性杆和弹性板的静态位移问题, 现在讨论的是动态位移问题. 即用 $u(t,x)$ 和 $u(t,x,y)$ 分别表示弹性杆和弹性板在 t 时刻的横向位移, 其线密度或面密度均用 ρ 表示, $f(t,x)$ 和 $f(t,x,y)$ 分别表示在 t 时刻作用在弹性杆和弹性板上的外力密度, 在这样的力学系统中分别可得

$$J[u(t,x)] = \int_{t_0}^{t_1}\mathrm{d}t\int_0^l\left[\frac{\rho}{2}\left(\frac{\partial u}{\partial t}\right)^2 - \frac{D}{2}\left(\frac{\partial^2 u}{\partial x^2}\right)^2 + f(t,x)u\right]\mathrm{d}x,$$

$$J[u(t,x,y)] = \int_{t_0}^{t_1}\mathrm{d}t\iint_\Omega\left[\frac{\rho}{2}\left(\frac{\partial u}{\partial t}\right)^2 - \frac{D}{2}\left(\frac{\partial^2 u}{\partial x^2} + \frac{\partial^2 u}{\partial y^2}\right)^2 + f(t,x,y)u\right]\mathrm{d}x\mathrm{d}y.$$

由 $\delta J[u(t,x)] = 0$ 和 $\delta J[u(t,x,y)] = 0$，则 $u(t,x)$ 和 $u(t,x,y)$ 满足的欧拉方程分别为

$$\rho \frac{\partial^2 u}{\partial t^2} + D \frac{\partial^4 u}{\partial x^4} - f(t,x) = 0,$$

$$\rho \frac{\partial^2 u}{\partial t^2} + D \left(\frac{\partial^4 u}{\partial x^4} + \frac{\partial^4 u}{\partial y^4} + 2 \frac{\partial^4 u}{\partial x^2 \partial y^2} \right) - f(t,x,y) = 0.$$

为了确定位移函数还需加初始条件和适当的边界条件.

7.3　变分问题的直接法与微分方程的变分方法

7.3.1　变分问题的直接法

上节讨论的问题是把变分问题转化为微分方程的边值问题来讨论和研究，这是解决变分问题的一个经典和间接的方法. 但是也可以直接由积分型泛函的形式来求解和研究泛函的极值问题，称这种方法为变分问题的直接法.

（1）设

$$J[y(x)] = \int_a^b F(x,y,y') \, \mathrm{d}x, \tag{7.3-1}$$

泛函的容许函数类为 $D(J)$，不失一般讨论泛函在 $D(J)$ 中的极小值问题，设 $D(J)$ 中有一个唯一的极小元，而无其他的极值元.

在 $D(J)$ 中选取一个基函数序列 $\varphi_i(x)$，$i = 1,2,\cdots$，设极小元的 n 级近似为 $\varphi_1(x),\cdots,\varphi_n(x)$ 的线性组合

$$y_n(x) = \sum_{i=1}^n a_i \varphi_i(x),$$

由此，得

$$J[y_n(x)] = \int_a^b F(x,y_n,y_n') \, \mathrm{d}x,$$

它是线性组合系数 $a_1,a_2,\cdots,a_n$ 的函数，记之为 $J(a_1,a_2,\cdots,a_n)$，由多元函数取极值的必要条件知

$$\frac{\partial J(a_1,a_2,\cdots,a_n)}{\partial a_i} = 0, i = 1,2,\cdots,n. \tag{7.3-2}$$

这是关于 $a_1,a_2,\cdots,a_n$ 的方程组，解此方程组得出组合系数，从而确定得泛函极小元的 n 级近似解.

若

$$F(x,y,y') = k(x)y'^2 + q(x)y^2 - 2f(x)y,$$

式中，$k(x) > 0$，$q(x) \geqslant 0$，这时 $J(a_1,a_2,\cdots,a_n)$ 为 $a_1,a_2,\cdots,a_n$ 的二次式，方程组（7.3-2）为一个线性代数方程组，直接地把求泛函（7.3-1）的 n 级近似极小元的问题化为一个线性代数方程组的求解问题.

泛函的 n 级近似极小元就是泛函在由 $\varphi_1(x),\cdots,\varphi_n(x)$ 所形成的 n 维线性空间中的极

小元，所以应该有

$$J[y_1(x)] \geqslant J[y_2(x)] \geqslant \cdots \geqslant J[y_n(x)] \geqslant \cdots$$

极小元序列 $y_1(x), \cdots, y_n(x), \cdots$ 称为泛函的极小序列，在一定条件和意义下，极小序列的极限给出泛函的极小元. 在实际的应用中取选出的 n 级近似极小元作为变分问题的极小元.

例 7.3-1　设

$$J[y(x)] = \int_0^1 (y'^2 - y^2 - 2xy) dx, y(0) = 0, y(1) = 0.$$

若选取基函数序列 $\varphi_i(x) = (1-x)x^i, i = 1, 2, \cdots, n$. 令极小元的二级近似解为 $y_2(x) = a_1 x(1-x) + a_2(1-x)x^2$，由此，得 $J(a_1, a_2) = J[y_2(x)]$，它是 a_1, a_2 的二次式，所以，得线性方程组

$$\begin{cases} \dfrac{\partial J(a_1, a_2)}{\partial a_1} = 0, \\ \dfrac{\partial J(a_1, a_2)}{\partial a_2} = 0, \end{cases}$$

解之可得

$$a_1 = \frac{71}{369}, a_2 = \frac{7}{41},$$

从而得出泛函的二级近似解是 x 的三次多项式

$$y_2(x) = \frac{71}{369}(1-x)x + \frac{7}{41}(1-x)x^2.$$

在这样的多项式基序列下，泛函极小元的 n 级近似解为 x 的 $(n+1)$ 次多项式.

若选取的基函数序列为 $\varphi_i(x) = \sin i\pi x, i = 1, 2, \cdots, n$. 则泛函极小元的 n 级近似解为 x 的三角多项式.

这两种基函数序列的选取，考虑到了容许函数的齐次边界条件和基函数序列的"完备性"，这也是选取基函数序列的一般原则.

（2）设

$$J[u(x,y)] = \iint\limits_{\Omega} F(x, y, u, p, q) dx dy, \tag{7.3-3}$$

式中，$p = \dfrac{\partial u}{\partial x}, q = \dfrac{\partial u}{\partial y}$，设泛函的容许函数类为 $D(J)$，在 $D(J)$ 中泛函有一个唯一的极小元而无其他的极值元. 在 $D(J)$ 中选取一个基函数序列 $\varphi_i(x, y), i = 1, 2, \cdots, n$. 设极小元的 n 级近似解为 $\varphi_1(x, y), \cdots, \varphi_n(x, y)$ 的线性组合

$$u_n(x, y) = \sum_{i=1}^n a_i \varphi_i(x, y),$$

由此，得

$$J[u_n(x, y)] = \iint\limits_{\Omega} F\left(x, y, u_n, \frac{\partial u_n}{\partial x}, \frac{\partial u_n}{\partial y}\right) dx dy,$$

它是 $a_1, a_2, \cdots, a_n$ 的函数，记为 $J(a_1, a_2, \cdots, a_n)$. 由多元函数取极值的必要条件，

$$\frac{\partial J(a_1, a_2, \cdots, a_n)}{\partial a_i} = 0, i = 1, 2, \cdots, n. \tag{7.3-4}$$

它是关于 $a_1, a_2, \cdots, a_n$ 的方程组，由此，确定出 $a_1, a_2, \cdots, a_n$，从而确定出 n 级近似解极小元 $u_n(x, y)$.

若

$$F(x, y, u, p, q) = k(x, y) \left(\frac{\partial u}{\partial x}\right)^2 + k(x, y) \left(\frac{\partial u}{\partial y}\right)^2 + q(x, y) u^2 - 2uf(x, y),$$

式中，$k(x, y) > 0, q(x, y) \geqslant 0$，则 $J(a_1, a_2, \cdots, a_n)$ 是 $a_1, a_2, \cdots, a_n$ 的二次式，方程组 (7.3-4) 为一个线性代数方程组.

例 7.3-2 设

$$J[u(x, y)] = \int_{-a}^{a} \int_{-b}^{b} \left[\left(\frac{\partial u}{\partial x}\right)^2 + \left(\frac{\partial u}{\partial y}\right)^2 - 4u \right] dxdy,$$

$$u(-a, y) = u(a, y) = u(x, -b) = u(x, b) = 0.$$

若选基函数为 $\varphi_{ij}(x, y) = (a^2 - x^2)(b^2 - y^2) x^{2(i-1)} \cdot y^{2(j-1)}, i, j = 1, 2, \cdots, n$. 若按对角线的排列方法可取得基函数的序列为

$$\varphi_1(x, y) = \varphi_{11}(x, y) = (a^2 - x^2)(b^2 - y^2),$$

$$\varphi_2(x, y) = \varphi_{21}(x, y) = (a^2 - x^2)(b^2 - y^2) x^2,$$

$$\varphi_3(x, y) = \varphi_{12}(x, y) = (a^2 - x^2)(b^2 - y^2) y^2,$$

$$\vdots$$

由此，可构造出泛函的 n 级近似解极小元 $u_n(x, y)$，它是 x, y 的多项式. 如一级近似解为

$$u_1(x, y) = a_1(a^2 - x^2)(b^2 - y^2),$$

由 $J[u_1(x, y)] = J(a_1), \dfrac{dJ(a_1)}{da_1} = 0$ 得 $a_1 = \dfrac{5}{4(a^2 + b^2)}$，由此得出一级近似解

$$u_1(x, y) = \frac{5}{4(a^2 + b^2)}(a^2 - x^2)(b^2 - y^2).$$

若选取基函数为 $\varphi_{ij}(x, y) = \sin \dfrac{i\pi(x + a)}{2a} \cdot \sin \dfrac{j\pi(y + b)}{2b}, i = 1, 2, \cdots, n; j = 1, 2, \cdots, n.$ 则又可得泛函极小元的另一种各级近似解，它们是 x, y 的三角多项式.

上述方法就是最基本的变分问题的直接法，有许多的理论和计算方法问题均需讨论，如极小序列的收敛性问题、近似解的误差分析、基函数序列的选取、方程组的求解，等等. 另外，在基于上述最基本的直接法的基础上，由于理论和应用的需要已发展了许许多多的直接方法. 变分问题的经典方法和直接法是相辅相成的，各自有其优点和局限性. 直接法较为灵活，它把问题化为方程组，在许多重要的情况就是线性代数方程组，但通常它只能求出近似解；相反，变分问题的经典方法可以应用微分方程的理论和方法，在有些情况可以求得精确解，但在一般情况下，由于区域的复杂性和欧拉方程的复杂性，精确求解微分方程是困难的.

7.3.2　微分方程的变分方法

把一个微分方程的定解问题转化为变分问题, 通过直接研究和求解变分问题来求解和研究微分方程的问题, 这称为微分方程的变分方法. 特别是对于二阶线性椭圆型方程的边值问题可转化为一个二次泛函的极小问题(即泛函的被积表达式中是未知函数和其一阶导数的二次式), 所以通过直接法就把问题转化为线性代数方程组的问题, 下面直接列出一些最基本的结果.

在区间(a,b) 内考虑二阶自共轭线性方程

$$\frac{\mathrm{d}}{\mathrm{d}x}\left[k(x)\frac{\mathrm{d}y}{\mathrm{d}x}\right] - q(x)y + f(x) = 0, \tag{7.3-5}$$

式中,$k(x) > 0, q(x) \geqslant 0.$ 若讨论$(7.3\text{-}5)$ 的第一边值问题, 即给定了$y(a) = \alpha, y(b) = \beta$, 则它可转化为泛函

$$J[y(x)] = \int_a^b \left[(ky'^2 + qy^2 - 2f(x)y\right]\mathrm{d}x \tag{7.3-6}$$

的极小值问题, 式中,泛函 $J[y(x)]$ 通过以下内积的方法确定出来, 即设 $y(x)$ 满足齐次边值条件, 则

$$\begin{aligned}
J[y(x)] &= -\left\langle \frac{\mathrm{d}}{\mathrm{d}x}k(x)y' - q(x)y, y\right\rangle - 2\langle f(x), y\rangle \\
&= -\int_a^b \left[\frac{\mathrm{d}}{\mathrm{d}x}k(x)y' - q(x)y\right]y\mathrm{d}x - 2\int_a^b f(x)y\mathrm{d}x \\
&= \int_a^b \left[ky'^2 + q(x)y^2 - 2f(x)y\right]\mathrm{d}x,
\end{aligned}$$

在上述推导过程中最后一式的得出用了分部积分公式和齐次边界条件.

设在一个平面区域 Ω 内考察自共轭线性椭圆型方程

$$\frac{\partial}{\partial x}\left[k(x,y)\frac{\partial u}{\partial x}\right] + \frac{\partial}{\partial y}\left[k(x,y)\frac{\partial u}{\partial y}\right] - q(x,y)u + f(x,y) = 0 \tag{7.3-7}$$

的边值问题, 式中,$k(x,y) > 0, q(x,y) \geqslant 0.$

若对于第一边值问题条件 $u|_{\partial\Omega} = \varphi(x,y)$ 的边值问题, 则它可转化为泛函

$$J[u(x,y)] = \iint_\Omega \left[k\left(\frac{\partial u}{\partial x}\right)^2 + k\left(\frac{\partial u}{\partial y}\right)^2 + q(x,y)u^2 - 2f(x,y)u\right]\mathrm{d}x\mathrm{d}y \tag{7.3-8}$$

的极小值问题, 式中,泛函 $J[u(x,y)]$ 也是通过内积的方法构造出来, 即设 $u(x,y)$ 满足齐次边界条件, 则

$$\begin{aligned}
J[u(x,y)] &= -\left\langle \frac{\partial}{\partial x}\left(k\frac{\partial u}{\partial x}\right) + \frac{\partial}{\partial y}\left(k\frac{\partial u}{\partial y}\right) - qu, u\right\rangle - 2\langle f, u\rangle \\
&= -\iint_\Omega \left[\frac{\partial}{\partial x}\left(k\frac{\partial u}{\partial x}\right) + \frac{\partial}{\partial y}\left(k\frac{\partial u}{\partial y}\right) - qu\right]u\mathrm{d}x\mathrm{d}y - 2\iint_\Omega fu\mathrm{d}x\mathrm{d}y \\
&= \iint_\Omega \left[k\left(\frac{\partial u}{\partial x}\right)^2 + k\left(\frac{\partial u}{\partial y}\right)^2 + qu^2 - 2fu\right]\mathrm{d}x\mathrm{d}y.
\end{aligned}$$

在上述推导过程中最后一步用到了二重积分的分部积分公式（即格林公式）和齐次边界条件.

对于第三或第二边界条件

$$\left[\frac{\partial u}{\partial n} + \sigma(x,y)u\right]\bigg|_{\partial\Omega} = \varphi(x,y) \tag{7.3-9}$$

方程式（7.3-7）的边值问题，则它转化为泛函

$$J[u] = \iint_{\Omega}\left[k\left(\frac{\partial u}{\partial x}\right)^2 + k\left(\frac{\partial u}{\partial y}\right)^2 + qu^2 - 2fu\right]\mathrm{d}x\mathrm{d}y$$
$$+ \int_{\partial\Omega}(k\sigma u^2 - 2k\varphi u)\mathrm{d}s \tag{7.3-10}$$

的极小值问题. 这时泛函中有了附加项，它的被积式是 u 的二次式，它使得由此推出的自然边界条件就是边界条件方程式（7.3-9）. 如果边界条件方程式（7.3-9）是齐次的（$\varphi = 0$），则附加项只含 u 的二次方. 如果方程式（7.3-9）变为第二类齐次边界条件（即 $\sigma = 0, \varphi = 0$），则泛函的附加项也自然消失.

从物理学上看，上面推出的泛函可解释为某一个静态的力学系统中的总势能. 对于上述二阶常微分方程的 $J[y(x)]$ 可解释为不均匀的弦的微小横向静态位移时的总势能. 对于上述偏微分方法时的 $J[u(x,y)]$ 可解释为不均匀的薄膜的横向微小静态位移时的总势能.

类似地，可以将三维线性自共轭椭圆型方程的边值问题转化为一个二次泛函的极小值问题. 在三维区域 Ω 内，考虑方程

$$\frac{\partial}{\partial x}\left[k(x,y,z)\frac{\partial u}{\partial x}\right] + \frac{\partial}{\partial y}\left[k(x,y,z)\frac{\partial u}{\partial x}\right] + \frac{\partial}{\partial z}\left[k(x,y,z)\frac{\partial u}{\partial z}\right] - g(x,y,z)u + f(x,y,z) = 0 \tag{7.3-11}$$

的边值问题，式中，$k(x,y,z) > 0, q(x,y,z) \geqslant 0$.

对于第一类边界条件下的边值问题，它可转化为泛函

$$J[u] = \iiint_{\Omega}\left[k\left(\frac{\partial u}{\partial x}\right)^2 + k\left(\frac{\partial u}{\partial y}\right)^2 + k\left(\frac{\partial u}{\partial z}\right)^2 + qu^2 - 2fu\right]\mathrm{d}x\mathrm{d}y\mathrm{d}z \tag{7.3-12}$$

的极小值问题.

对于第二类或第三类边界条件

$$\left[\frac{\partial u}{\partial n} + \sigma(x,y,z)u\right]\big|_{\partial\Omega} = \varphi(x,y,z) \tag{7.3-13}$$

下，方程式（7.3-11）的边值问题可转化为泛函

$$J[u] = \iiint_{\Omega}\left[k\left(\frac{\partial u}{\partial x}\right)^2 + k\left(\frac{\partial u}{\partial y}\right)^2 + k\left(\frac{\partial u}{\partial z}\right)^2 + qu^2 - 2fu\right]\mathrm{d}x\mathrm{d}y\mathrm{d}z$$
$$+ \iint_{\partial\Omega}(k\sigma u^2 - 2k\varphi u)\mathrm{d}s \tag{7.3-14}$$

的极小值问题.

习 题

1.写出下列泛函的变分和欧拉方程.

$(1)J[y(x)] = \int_0^l (y'^2 + 2y^2 - xy)\mathrm{d}x.$

$(2)J[y(x)] = \int_0^l [p(x)y'^2 + q(x)y^2 - 2f(x)y]\mathrm{d}x.$

$(3)J[u(t,x)] = \int_{t_1}^{t_2}\mathrm{d}t \int_0^l \left[\left(\frac{\partial u}{\partial t}\right)^2 - \left(\frac{\partial u}{\partial x}\right)^2 + 2xtu \right]\mathrm{d}x.$

$(4)J[u(x,y)] = \iint_\Omega \left[a(x,y)\left(\frac{\partial u}{\partial x}\right)^2 + b(x,y)\left(\frac{\partial u}{\partial y}\right)^2 + c(x,y)u^2 - 2f(x,y)u \right]\mathrm{d}x\mathrm{d}y.$

$(5)J[u(x,y)] = \iint_\Omega \left[a(x,y)\left(\frac{\partial u}{\partial x}\right)^2 + b(x,y)\left(\frac{\partial u}{\partial y}\right)^2 + c(x,y)u^2 - 2f(x,y)u \right]\mathrm{d}x\mathrm{d}y$

$\qquad\qquad\quad + \int_{\partial\Omega} [g(x,y)u^2 + h(x,y)u]\mathrm{d}s.$

$(6)J[u(t,x,y,z)] = \int_{t_1}^{t_2}\mathrm{d}t \iiint_\Omega \left[\left(\frac{\partial u}{\partial t}\right)^2 - \left(\frac{\partial u}{\partial x}\right)^2 - \left(\frac{\partial u}{\partial y}\right)^2 - \left(\frac{\partial u}{\partial z}\right)^2 + 2f(t,x,y,z)u \right]\mathrm{d}x\mathrm{d}y\mathrm{d}z.$

2.试求出下列泛函的极小元.

$(1)J[y(x)] = \int_0^1 (12xy + yy' + y'^2)\mathrm{d}x, y(0) = 0, y(1) = 4, y(x) > 0.$

$(2)J[u(x,y)] = \iint_{x^2+y^2\leqslant 1} \left[\left(\frac{\partial u}{\partial x}\right)^2 + \left(\frac{\partial u}{\partial y}\right)^2 - 2xyu \right]\mathrm{d}x\mathrm{d}y, u\big|_{x^2+y^2=1} = xy.$

3.将下列微分方程边值问题转化为泛函极小值问题.

$(1)\begin{cases} \dfrac{\mathrm{d}^2 y}{\partial x^2} - q(x)y = -f(x), \\ y(a) = \alpha, y'(b) = \beta. \end{cases}$

$(2)\begin{cases} \Delta_2 u(x,y) = -f(x,y), (x,y) \in \Omega, \\ u\big|_{\partial\Omega} = \varphi. \end{cases}$

$(3)\begin{cases} \Delta_3 u(x,y,z) - c^2 u = -f(x,y,z), (x,y,z) \in \Omega, \\ \left(\dfrac{\partial u}{\partial n} + \sigma u\right)\big|_{\partial\Omega} = \varphi. \end{cases}$

4.设

$\begin{cases} \Delta_2 u = -xy(x-a)(y-b), (x,y) \in \Omega = \{0 < x < a, 0 < y < b\}, \\ u\big|_{\partial\Omega} = 0, \end{cases}$

（1）把上述边值问题转化为泛函的极小值问题.

（2）用直接法求出泛函极小元的二级近似，并求出相应的泛函的近似极小值.

a.选取基函数为 $\varphi_{ij}(x,y) = (x - a)(y - b)x^i y^j, i = 1,2,\cdots,n; j = 1,2,\cdots,n.$

b.选取基函数为 $\varphi_{ij}(x,y) = \sin\dfrac{i\pi x}{a} \cdot \sin\dfrac{j\pi y}{b}, i = 1,2,\cdots,n; j = 1,2,\cdots,n.$

（3）求出泛函极小值问题(1)的极小元和极小值.

5.写出下列泛函对应的欧拉方程.

（1）$J[u(x,y,z)] = \iiint\limits_{\Omega} \left[\left(\dfrac{\partial^2 u}{\partial x^2} + \dfrac{\partial^2 u}{\partial y^2} + \dfrac{\partial^2 u}{\partial z^2} \right)^2 + 2fu \right] \mathrm{d}x\mathrm{d}y\mathrm{d}z.$

（2）$J[u(t,x)] = \int_{t_1}^{t_2} \mathrm{d}t \int_0^l \left[\left(\dfrac{\partial u}{\partial t} \right)^2 - \left(\dfrac{\partial^2 u}{\partial x^2} \right)^2 - 2fu \right] \mathrm{d}x.$

参考文献

[1]　陈恕行.偏微分方程概论.北京：高等教育出版社,1981.

[2]　严镇军.数学物理方程.合肥：中国科技大学出版社,1989.

[3]　姜礼尚,陈亚浙.数学物理方程讲义.2 版.北京：高等教育出版社,1996.

[4]　梁昆淼.数学物理方法.北京：高等教育出版社,1998.

[5]　谢鸿政,杨枫林.数学物理方程.北京：科学出版社,2001.

[6]　谷超豪,李大潜,陈恕行,等.数学物理方程.北京：高等教育出版社,2002.

[7]　陈祖墀.偏微分方程.2 版.北京：中国科学技术出版社,2002.

[8]　季孝达,薛兴恒,陆英.数学物理方程.北京：科学出版社,2005.

[9]　陈才生.数学物理方程.北京：科学出版社,2008.

[10]　刘法贵,魏志强,叶晓枫,等.数学物理方程.郑州：黄河水利出版社,2007.

[11]　张渭滨.数学物理方程.北京：清华大学出版社,2007.

[12]　尹景学,王春朋,杨成荣.数学物理方程.北京:高等教育出版社,2010.

[13]　谷超豪,李大潜,陈恕行,等.数学物理方程.3 版.北京:高等教育出版社,2012.

[14]　陈恕行.数学物理方程学习辅导二十讲.北京:高等教育出版社,2015.

[15]　陆平,肖亚峰,任建斌.数学物理方程.2 版.北京:国防工业出版社,2016.

[16]　谭忠.偏微分方程:现象、建模、理论与应用.北京:高等教育出版社,2019.